L'impossible pour horizon

Jacques Arnould

"Tout ce qui est impossible reste à accomplir."

(Jules Verne)

L'impossible pour horizon

L'essence de l'exploration de l'espace

Jacques Arnould

FRANCE

2019

ISBN: 978-1-925438-41-3   soft
         978-1-925438-42-0   hard
         978-1-925438-43-7   epub
         978-1-925438-44-4   pdf

www.atffrance.com
ATF France est une empreinte de ATF (Australia) Ltd
PO Box 504
Hindmarsh, SA 5007
Australie
ABN 90 116 359 963
www.atfpress.com
nouveaux horizons

Préface

La plupart des enfants grandissent en entendant leurs parents leur raconter des contes de fée. Pour moi, ce furent plutôt des histoires d'exploration. Captivé, je découvrais les ascensions stratosphériques de mon grand-père Auguste et les plongées de mon père dont l'exploit mythique de descendre dans la Fosse des Mariannes avec Don Walsh. Le point le plus profond des océans !

Les noms que j'entendais chaque jour à la maison étaient ceux d'Edmund Hillary, Charles Lindbergh, Alan Shepard, Wernher Von Braun, Jacques Mayol. Ils étaient devenus les héros de mon enfance. Mais ce qui changea véritablement ma vie, ce fut de les rencontrer tous personnellement, de découvrir qu'il ne s'agissait pas seulement de belles histoires, mais d'une réalité encore plus fabuleuse que tous les contes de fée

Pour moi, l'exploration devait être la seule façon de vivre, et j'étais convaincu que tout le monde partageait cet état d'esprit : sortir des certitudes et des habitudes pour entrer dans l'inconnu, les doutes et l'incertitude ; utiliser les points d'interrogation afin de stimuler sa créativité et inventer de nouvelles solutions ; transformer l'impossible en possible ! Y aurait-il une autre façon de vivre sa vie? Je pensais que non, jusqu'à ce que je réalise que l'état d'esprit de l'explorateur était en fait très peu répandu sur cette planète. L'exploration de l'inconnu fait peur à tous ceux qui préfèrent se rassurer avec des dogmes, des paradigmes et des commun assumptions. Quelle déception ! . . .

On me demande souvent comment on devient explorateur. En fait, on ne décide pas forcément ce que l'on va explorer, on décide seulement de sortir des sentiers battus, de prendre tous les chemins de traverse, de saisir toutes les occasions de faire ce que les autres n'osent pas ou n'arrivent pas à faire. Ou plutôt ce qu'ils pensent être impossible. Est-ce ainsi pour tous les explorateurs ? Je ne sais pas, mais c'est en tout cas comme ça que j'ai vécu, suivant le fil rouge de mes rêves d'enfant. Ce n'est pas le nord qu'indiquait ma boussole intérieure, mais l'inconnu.

Il ne s'agit pas simplement de battre des records ou d'effectuer des actions spectaculaires. Un record ne consiste qu'à battre la performance de celui qui nous a précédés. L'explorateur est capable de mieux : découvrir de véritables nouveautés ou effectuer des premières, c'est à dire accomplir quelque chose que personne n'avait encore réussi ou même cru possible. Un explorateur réussit des premières, pas seulement des records. Et toutes les premières qui peuplaient les récits de mon enfance avaient été profondément utiles à l'humanité. Elles avaient ouvert de nouvelles voies, de nouveaux modes de transport. Elles avaient changé la face du monde et surtout profondément modifié notre perception de l'impossible. Celles qui n'avaient pas eu de conséquences pratiques directes, comme la conquête des plus hauts sommets, avaient eu cette capacité de donner de l'espoir à l'humanité en lui montrant ce que l'être humain est capable d'accomplir avec du courage et de la persévérance. Certaines s'étaient aussi avérées déterminantes pour la protection de l'environnement. Comme la plongée du Bathyscaphe dans la Fosse des Mariannes : en découvrant un poisson à 11 000 mètres de profondeur, Don Walsh et mon père avait mis un terme aux projets gouvernementaux de jeter les déchets radioactifs et toxiques dans les Abysses que tout le monde croyait déserte.

Des défis majeurs attendent aujourd'hui l'humanité. Ils ouvriront à la science de nouveaux horizons, mais leurs objectifs seront certainement moins de conquérir des territoires inconnus que de préserver la planète des menaces actuelles pour y améliorer la qualité de vie. Osons une comparaison avec le passé : l'état de l'humanité aujourd'hui ressemble à celui de la planète avant que les grands explorateurs ne l'explorent ! Il y a encore tellement à faire pour en révéler le capital caché . . .

Impossible horizon, écrit Jacques Arnould dans cet ouvrage, mais horizon sans lequel nos aventures, nos explorations perdraient leur saveur et surtout leur sens. Nous comprendrons alors que si même si le but n'est jamais totalement atteint, c'est la quête qui nous enrichit.

Bertrand Piccard

Introduction :
lorsque fuit l'horizon

En ces temps-là, la Terre était plate et ronde comme une assiette. Elle était ceinturée par le fleuve Océan qui paraissait sans limites ; en son milieu, s'étalait la mer Méditerranée que nos ancêtres, dans un sentiment mêlé d'affection et de crainte, appelaient *Mare nostrum*, notre Mer. Au-dessus, comme un grand saladier retourné, la voûte solide du ciel portait les étoiles. Tel apparaissait le monde, aux yeux et dans l'imagination de ceux qui nous ont précédés. Un monde à leur taille, autrement dit à la hauteur de leurs yeux de bipède, à la hauteur des arbres qu'ils escaladaient encore avec aisance, à la hauteur des collines qu'ils gravissaient, à la hauteur des premiers édifices qu'ils construisaient. Parce qu'elle était plate, la Terre avait la taille des horizons humains ; pour l'explorer, il suffisait de mettre un pied devant l'autre et de répéter ce geste sans crainte ni lassitude. La curiosité faisait le reste.

Au VIIe siècle avant notre ère, alors que les Babyloniens construisaient la plus haute des tours jusqu'alors jamais dressées, celle que l'histoire connaît sous le nom de « tour de Babel » et dont le sommet culminait à quatre-vingt-dix mètres, à cette époque donc surgirent en Grèce une poignée d'hommes, à la fois philosophes, géomètres et astronomes. Ils ne se contentèrent pas de ce que leurs yeux voyaient ; ils voulurent connaître le comment et le pourquoi du monde. Ils comprirent qu'ils ne pourraient acquérir cette connaissance qu'en alliant leur intelligence à une autre extraordinaire capacité dont la nature avait doté la nature humaine : l'imagination, cette capacité à s'absenter de l'immédiate réalité, à se projeter au-delà de l'horizon, dans un ailleurs, dans un au-delà. Ils n'eurent aucune hésitation : ils conçurent une Terre sphérique, des antipodes, des astres qui orbitent autour de ce globe et passent « en dessous ». Le monde débordait ses anciennes limites, débordait les horizons humains, pour se cacher derrière sa propre courbure. Toutefois, pour découvrir ces terres inconnues, pour dépasser les limites mouvantes de leurs horizons, il ne leur suffirait pas d'embarquer à bord de navires pour affronter les océans ; il leur faudrait aussi escalader le ciel, rejoindre les oiseaux et peut-être même le domaine des dieux. L'exploration de la Terre devenait l'affaire des ingénieurs et des savants autant que des aventuriers.

Or, ce que nous appelons aujourd'hui l'espace demeura longtemps inaccessible aux humains, non parce qu'il se trouvait à une altitude inatteignable en absence des principes et des techniques de l'astronautique moderne, mais par suite d'une représentation dualiste de la réalité. Parce qu'elle apparaissait comme un tout ordonné et beau, les Grecs avaient donné à la réalité céleste le nom de cosmos, par opposition à la terre, lieu de l'imperfection, de l'altération, de l'incomplétude et, en fin de compte, de la mort. Les planètes et les étoiles se trouvaient accrochées à des sphères de cristal, immuables, éternelles, inatteignables pour les mortels humains, tant qu'ils ne s'étaient pas débarrassés de leur enveloppe charnelle, au cours d'une expérience mystique ou en subissant la mort.

Il a fallu une révolution, celle que nous qualifions désormais de copernicienne, pour briser à la fois les sphères célestes et l'interdiction de les rejoindre. Galilée fut l'un des premiers révolutionnaires : grâce à ses observations astronomiques, il montra que la Terre et le Ciel étaient faits de la même étoffe, de la même matière et, par voie de conséquence, appartenaient au même monde. Ainsi défendait-il l'unification et l'uniformisation de l'univers, de son contenu et de ses lois. À Galilée, qui lui avait envoyé en avril 1610 le compte-rendu de ses observations et de ses conclusions sous la forme d'un ouvrage intitulé *Le Messager céleste*, Johannes Kepler décida d'apporter son soutien et, en onze jours, rédigea sa *Conversation avec le messager céleste*. Il y écrivit : « Il ne manquera certainement pas de pionniers, lorsque nous aurons maîtrisé l'art du vol. Qui avait pu penser que la navigation à travers le vaste océan se révélerait moins dangereuse et plus tranquille que celle dans les golfes, proches mais menaçants, de l'Adriatique, de la Baltique ou de l'Asie ? Créons des navires et des voiliers appropriés à l'éther céleste et beaucoup de ne seront pas effrayés par ces immensités vides. Entretemps, nous préparerons, pour ces courageux voyageurs des cieux, les cartes des corps célestes

– moi celles de la Lune et vous, Galilée, celles de Jupiter[1]. » Grisé à la pensée que l'humanité puisse un jour échapper à sa prison terrestre, au petit cachot décrit au cours du même siècle par Pascal, Kepler était persuadé que, désormais, rien ne serait trop haut, ni trop loin, pour que l'humain ne puisse décider ni entreprendre de le rejoindre. Plutôt que de s'interroger sur la manière dont il conviendrait de construire ces vaisseaux du ciel, Kepler préféra confier aux ingénieurs la tâche d'inventer l'art de voler et se consacrer lui-même à l'élaboration des cartes dont useraient les premiers navigateurs célestes. Il considéra comme indispensable le travail de cartographie qui revient aux astronomes, afin de deviner, de découvrir, les mondes et les îles, les écueils et les récifs que les *conquistadors* de l'espace rencontreraient au cours de leur navigation. Ainsi en était-ce fini du travail des astrologues et des devins : il n'était plus question de lire dans le ciel le sort ou pire la punition réservée par quelque puissance céleste à ceux qui oseraient pénétrer dans leur domaine. Il s'agissait de prêter main forte à ceux qui tenteraient demain d'écrire eux-mêmes dans le ciel le destin de l'humanité, aux futurs explorateurs de l'espace.

Des siècles ont passé, les humains ont conquis l'air, puis l'espace. Ils ont marqué de leurs pas le sol de la Lune et de leurs roues celui de Mars. Ils ont acquis la vision des dieux et laissé leurs regards se perdre dans un gouffre profond de près de 13 milliards d'années-lumière. Dans cet époustouflant mouvement de l'intelligence, de l'audace et de l'imaginaire humains, la Terre et, avec elle, l'univers tout entier paraissent redevenus plats : aucun pli, aucune courbure pour en dissimuler quelque recoin. Du moins en apparence, loin des théories astronomiques et cosmologiques, loin des débats suscités par la théorie de Jean-Pierre Luminet d'un univers chiffonné, « concurrente » des modèles d'univers hérités des travaux de Friedman et de Lemaître. Non, il s'agit de la seule expérience « phénoménologique », celle que nous pouvons faire en découvrant, en contemplant les images de l'univers : ne nous retrouvons-nous pas dans la peau des premiers *Sapiens*, levant leur nez vers l'horizon ? Plus précisément, n'éprouvons-nous pas un sentiment analogue à l'oppression décrite par Pierre Loti dans son *Roman d'un spahi*, écrit en 1881, celle vécue par un jeune montagnard envoyé au Sénégal qui découvre le désert ?

---

1. Koestler, Arthur. *The Sleepwalkers: A History of Man's Changing Vision of the Universe*, London, Pelican, 1968, p. 378.

« Cette platitude sans fin le gênait, écrit Loti ; elle oppressait son imagination, habituée à contempler des montagnes ; il éprouvait comme un besoin d'avancer toujours, comme pour élargir son horizon, comme pour voir au-delà. » Loti a raison : l'imagination humaine n'aime guère les horizons trop plats, trop dégagés ; elle a besoin de rencontrer des résistances, des freins, des contraintes pour mieux les rompre, pour mieux les franchir et entraîner ainsi les humains vers de nouvelles *terrae incognitae*, de nouveaux territoires inconnus. L'expérience que nous avons aujourd'hui de la réalité, de l'échelle subatomique à l'échelle astronomique, possède-t-elle suffisamment de reliefs auxquels notre imaginaire puisse se heurter ou bien se révèle-t-elle au contraire trop plate pour le stimuler encore ? Est-il possible que le puissant ressort de l'exploration puisse un jour manquer à l'humanité ?

1
Le rêve de Tsiolkovski . . . et ensuite ?

Il n'est pas question de décrire ici la longue histoire de l'imaginaire spatial : toutes les cultures de l'humanité ont été marquées par une intense fascination à l'égard de la voûte céleste, ce d'autant plus que les conceptions philosophiques et religieuses en interdisaient l'accès aux mortels de la planète Terre. Les récits mythologiques à connotation cosmique foisonnent, sans faire une réelle distinction entre les domaines que nous appelons désormais l'air et l'espace ; pensons seulement au célèbre mythe d'Icare et de Dédale qui relate la première catastrophe aérospatiale.

La première trace écrite de cet imaginaire serait, vers l'an 180 de notre ère, le texte de Lucien de Samosate, ironiquement intitulé l'*Histoire vraie*. Car Lucien prévient d'emblée ses lecteurs : « Je vais donc raconter des faits que je n'ai pas vus, des aventures qui ne me sont pas arrivées et que je ne tiens de personne ; j'y ajoute des choses qui n'existent nullement et qui ne peuvent pas être ; il faut donc que les lecteurs n'en croient absolument rien. » Étonnante mise en garde, n'est-ce pas ? Lucien narre alors l'enlèvement dans les airs d'un navire, au cours d'une forte tempête, son voyage à travers les airs durant sept jours et sept nuits, son arrivée sur une mystérieuse île cosmique, la rencontre d'étranges créatures, etc. Dans un autre ouvrage, l'*Icaroménippe*, Lucien raconte un autre voyage d'exploration, celui de Ménippe, un homme qui s'est muni d'ailes – d'où le titre de ce récit – pour se rendre sur la Lune et au-delà. Ménippe, philosophe cynique était animé d'un noble désir, celui de savoir. Du monde, il voulait connaître l'ouvrier, le principe et la fin ; les phases de la lune, le roulement du tonnerre, la chute de la pluie, de la neige ou de la grêle demeuraient pour son intelligence d'inexplicables phénomènes. Il avait interrogé les savants et les philosophes, dont les honoraires, se plaignait-il, semblaient proportionnels à l'austérité de leur physionomie, à la pâleur de leur teint et à la largeur de leur barbe ; mais leurs doctrines l'avaient plongé dans une perplexité plus grande encore. Ils prétendaient, avait-il remarqué, mesurer le nombre de coudées qui séparent le soleil de la Lune ou encore la circonférence de la Terre ; mais ils ignoraient la distance entre Mégare et Athènes ! Lesquels parmi eux fallait-il croire, tellement leurs discours étaient variés et contradictoires ? Ménippe avait donc décidé d'aller voir et apprendre par lui-même. Il ne commit pas l'erreur de Dédale : au lieu de fabriquer des ailes à l'aide de plumes et de cire, il captura un aigle et un vautour, coupa à chacun une aile et les attacha à ses épaules. Il put alors s'essayer à voler. Les hauteurs d'où il sauta augmentèrent en même temps que sa hardiesse : il survola l'Attique et le Péloponnèse, avant de s'élancer, depuis l'Olympe, droit vers le ciel. L'imagination de Lucien de Samosate confia ainsi à Ménippe le privilège d'être l'un des premiers hommes à s'élever au-dessus des nuages . . . sans y perdre la vie.

Une fois l'Occident entrée dans l'époque moderne, débarrassé des impénétrables sphères de cristal et autorisé à imaginer des voyages d'êtres humains dans le ciel, nombreux sont les auteurs à avoir exploité cette veine littéraire. En 1638, Francis Godwin publie dans *The Man in the Moon* sa vision d'une nature lunaire enchanteresse et d'une humanité plus réussie que la nôtre. À la même époque, Cyrano de Bergerac présente *Les États et Empires de la Lune* (1657) puis *Les États et Empires du Soleil* (1662). En 1765, Marie-Anne de Roumier publie les sept volumes des *Voyages de Milord Céton dans les sept planètes* : une véritable épopée astronomique. En 1835, Edgar Poe expédie *Hans Pfaal* dans la Lune, à l'aide d'une nacelle.

Le XIXe siècle est marqué par la fin de l'exploration systématique du globe terrestre qui avait été menée par l'Occident depuis la fin du XVe siècle. Que reste-t-il alors à l'humanité pour assouvir sa curiosité, sa soif d'explorer ? L'espace, bien entendu ; dès lors, le voyage spatial n'est plus seulement imaginaire, il devient scientifique. La lunette astronomique, née avec le XVIIe siècle, est promue au rang de véhicule : grâce à elle et parfois avec une bonne dose d'imagination, les astronomes scrutent la Lune, les planètes et les étoiles. Ils sont capables de mettre au point une cartographie de la surface de Mars aussi précise que celle des cartes terrestres . . . du moins le prétendent-ils ; Angelo Secchi, Giovanni Schiaparelli et Percival Lowell y dessinent même d'extraordinaires réseaux de canaux. Et le XIXe siècle s'achève sous la domination de Camille Flammarion et de ses nombreuses publications, dans lesquelles l'auteur de *La Pluralité des mondes habités* affirme que « la Terre n'a aucune prééminence marquée dans le système solaire de manière à être le seul monde habité, et que, astronomiquement parlant, les autres mondes sont disposés aussi bien qu'elle au séjour de la vie. » Une invitation à peine voilée à l'exploration de nouveaux mondes.

Le XXe siècle ne manque ni d'imagination ni d'auteurs : de Herbert G. Wells (*La Guerre des mondes* en 1898, *Les Premiers Hommes sur la Lune* en 1901) à Arthur C. Clarke (*2001, Odyssée de l'espace* en 1945), la veine littéraire de l'imaginaire spatial est largement exploitée. D'ailleurs, Wells est parfois considéré comme l'inventeur de la *science-fiction* moderne ; grâce à lui, des « merveilles scientifiques » comme le chronoscaphe, le transmuteur de matière ou encore l'hyperespace sont tombées dans le domaine public. De son côté, Clarke, membre de la *British Interplanetary Society*, publie, en 1939, un article intitulé « *We* Can Rocket To The *Moon*-Now! », avant de mettre au point le concept des satellites géostationnaires. L'imaginaire et l'imagination des auteurs de *science-fiction*, de *space opera* paraissent aussi illimités que l'est notre univers ; a la littérature s'ajoute désormais le cinéma, inauguré en 1902 en grandes pompes par le génial Méliès avec son *Voyage dans la Lune* et servi par une technologic de plus en plus sophistiquée.

À cette trop rapide description de l'imaginaire qui a précédé les premières et effectives incursions des humains dans l'espace, bien des nuances devraient être ajoutées pour tenir compte de la diversité des cultures. Ainsi un responsable de la politique spatiale japonaise expliquait-il que l'intérêt de son pays pour les missions lunaires pouvait être expliqué par la place accordée par sa culture à l'histoire de la princesse Kaguya. Cette descendante du peuple de la Lune aurait jadis été trouvée dans un plant de bambou et appelée pour cette raison : *Naotake no Kaguya Hime*, « la radieuse princesse des bambous » ; elle épousa un grand seigneur, bien terrestre celui-là, mais fut ensuite, au grand dam de son mari, ramenée par son père sur sa Lune natale . . .

L'histoire de la politique spatiale américaine au XXe siècle offre une illustration encore plus explicite de la manière dont il faut parfois remuer les imaginations pour contribuer à hâter le progrès. L'historien américain Howard McCurdy a montré comment, depuis ses débuts, le programme spatial américain a été motivé par un rêve apparemment romantique[2]. Sa thèse est d'autant plus intéressante que la culture nord-américaine ne possède pas l'arrière-plan littéraire et artistique de l'Europe ; Ovide et Lucien de Samosate, Cyrano de Bergerac et Bernard de Fontenelle, trop éloignés dans le temps, y sont inconnus ou, pour le moins, ne peuvent prétendre à une véritable influence. Même s'ils honorent la mémoire de Meriwether Lewis et de William Clark, les chefs de la première expédition américaine à rejoindre le Pacifique, au début du XIXe siècle, les Américains de la première moitié du XXe siècle, lorsqu'il s'agit du ciel, pensent d'abord à l'observer, plutôt qu'à y voyager. Certes, ils ne méconnaissent pas Jules Verne et son imaginaire technique ; mais, avance McCurdy, ils paraissent s'en méfier. L'Amérique du Nord, si elle n'est pas systématiquement technophobe, semble avoir à cette époque quelques difficultés à appréhender le domaine de la technologie. Au point que le vol dans l'espace est souvent représenté, dans les œuvres de fiction, comme plus aisé qu'il ne l'est dans la réalité. Et le caractère peu communicatif de Robert Goddard, le père américain de l'astronautique qui parvient à lancer la première fusée à ergols liquides en 1926, n'arrange rien à l'affaire. Malgré tout, après la dépression économique des années 1930 et la Deuxième Guerre mondiale, les choses finissent par changer. Il faut dire que le succès des Spoutnik soviétiques ne laisse guère le choix au gouvernement américain. À ce camouflet porté à l'encontre de leur suprématie technologique et militaire, les États-Unis doivent répondre sans délai. Le début des années 1950 a heureusement préparé le public à la mise en route de programmes ambitieux, l'a intéressé aux voyages spatiaux ; il ne faut pas, en effet, minimiser l'influence sur l'opinion des écrits de William Ley, des illustrations de Chesley Bonestell, des conférences de Wernher von Braun, des parcs d'attraction de Walt Disney. Sans oublier la vague de fascination pour les soucoupes volantes et la rencontre avec les petits hommes verts, surtout après le témoignage de Kenneth Arnold, en juin 1947 : les voyages interplanétaires et les extraterrestres finissent par former les deux piliers du rêve spatial américain. Si les militaires écartent rapidement de leurs intérêts le champ des vols habités, la NASA en fait l'un de ses principaux objectifs, encouragée par le dis-

---

2. Cf. McCurdy, Howard E. *Space and the American Imagination*. Washington & London: Smithsonian Institution Press, 1997.

cours du Président John F. Kennedy : l'imaginaire spatial américain revêt ainsi, quasiment dès sa naissance, la tenue argentée des sept astronautes du programme Mercury, lorsqu'ils sont présentés à la presse le 9 avril 1959.

Et le rêve devient alors réalité. Dans un étonnant, incroyable effort qui, à en croire les mots de Guillaume Apollinaire, relève d'une démarche surréaliste. Dans la préface aux *Mamelles de Tirésias*, le poète a écrit : « Quand l'homme a voulu imiter la marche, il a créé la roue qui ne ressemble pas à une jambe. Il a fait ainsi du surréalisme sans le savoir[3]. » Pour parvenir à voler, l'homme a dû faire de même. Rêver, imaginer ne suffisait pas ; pas plus que ne suffisait de construire des répliques de l'aile des oiseaux pour en percer le secret et être capable de voler : le vol de Dédale, l'on s'en rend vite compte, relevait bel et bien du mythe ! Il a fallu aussi observer les moulins à vent pour inventer l'hélice. La propulsion dans l'espace intersidéral demandait plus d'effort, plus d'ingéniosité, plus de surréalisme : pour la maîtriser, il a fallu davantage encore abandonner l'évidente réalité, la logique convenue, celle de l'emprisonnement de notre Terre au milieu de sphères de cristal, concentriques, ordonnées et éternelles, celle de l'impossibilité annoncée de se déplacer dans le vide. Il a fallu, nous l'avons vu, les travaux de Galilée et des astronomes modernes pour briser l'antique conception du cosmos ; il a fallu aussi les travaux des premiers ingénieurs astronauticiens pour prouver que le vide peut être traversé par des vaisseaux construits de main d'homme. Rien d'excessif, dès lors, dans les propos enthousiastes d'Hannah Arendt qui ouvrent le prologue de son essai sur la *Condition de l'homme moderne*. La philosophe allemande évoque le premier Spoutnik, qui, en octobre 1957, gravite durant quelques semaines autour de la Terre « conformément aux lois qui règlent le cours des corps célestes, le Soleil, la Lune, les étoiles ». Sublime compagnie, même si elle est éphémère. Événement que « rien, pas même la fission de l'atome, ne saurait éclipser », car il marque « le premier *pas vers l'évasion des hommes hors de la prison terrestre*[4] ». Arendt prend acte de la réalisation naissante du rêve de Tsiolkovski. Au début du XXe siècle, alors qu'il pose les bases de l'astronautique moderne, le savant russe a écrit à

---

3. Cité dans Brun, Jean. *Les conquêtes de l'homme et la séparation ontologique*, Paris, Presses Universitaires de France, 1961, p. 85.
4. Cf. Harendt, Annah. *Condition de l'homme moderne*, Paris, Calmann-Lévy, 1983, p. 33–34.

l'un de ses amis les mots désormais connus de tous les *aficionados* de l'espace : « La Terre est le berceau de l'Humanité ; mais nul ne peut éternellement rester au berceau[5]. » À la fin des années 1950, tous les espoirs habituellement associés à la découverte, à la conquête, à l'exploitation d'un nouveau monde paraissent prendre corps.

Durant une courte décennie, celle prophétisée par le président John Kennedy, l'espace paraît offrir la répétition du bouleversement que fut, pour l'Europe de la Renaissance, la découverte du Nouveau Monde, de ses richesses, de ses dangers, enfin de ses habitants. Le sourire de Gagarine en avril 1961, l'incroyable défi lancé par le président des États-Unis et relevé par la NASA, l'odyssée technologique et managériale des programmes spatiaux, le drame d'Apollo 1, les « premières » consécutives qui aboutirent aux souhaits de paix prononcés par les astronautes d'Apollo 8 depuis l'orbite lunaire en décembre 1968, les premiers pas de Terriens sur la Lune, l'audace diplomatique de la mission Apollo-Soyouz en juillet 1975 : au-delà du rêve alimenté par des images spectaculaires de la Terre vue depuis la Lune, par celles d'astronautes flottant dans le vide puis foulant d'un pas léger le sol lunaire, les deux premières décennies de l'histoire spatiale ont pu susciter, alimenter plusieurs motifs d'espoir, en particulier celui de sortir des terreurs déclenchées et entretenues par la guerre froide. Les corps célestes n'étaient-ils pas déclarés patrimoine commun de l'humanité à la fin des années 1960 ? Les États signataires d'accords internationaux sur l'espace ne s'engageaient-ils pas à en respecter un usage pacifique, à ne pas en militariser les orbites ? L'ère qu'inauguraient les exploits des premiers astronautes et cosmonautes était généreuse en raisons d'espérer ; elle paraissait faire écho aux mots de Tristan Bernard, prononcés lors de son arrestation par la Gestapo et cités par François Jacob au terme de son ouvrage *Le Jeu des possibles* : « Jusqu'à présent nous vivions dans l'angoisse, désormais, nous vivrons dans l'espoir. » Oui, l'espace des années 1960 paraissait riche d'espoir...

Que s'est-il ensuite passé ? D'abord, un désintérêt quasiment immédiat pour les missions qui suivirent la triomphale mission Apollo 11, sauf celle qui tourna à la tragédie et évita de justesse le drame ; puis l'annulation des deux dernières missions initialement prévues. Le 14 décembre 1972, lorsque l'étrange araignée lunaire

---

5. Dans une lettre adressée le 12 août 1911 à l'ingénieur Boris Vorobiev.

de la mission Apollo 17 quittait la vallée de Taurus-Littrow, avec à son bord les derniers astronautes à avoir marché sur la Lune, c'était comme si une lucarne se refermait dans le ciel nocturne : depuis cette date, les hommes et leurs vaisseaux n'ont plus quitté la banlieue de la Terre. Modeste cabotage. Pour autant, la suite ne fut pas décevante. Le programme des navettes spatiales, avec ses succès, ses drames et l'entêtement à le prolonger, a eu les allures d'une odyssée ; la station spatiale qui aujourd'hui tourne au-dessus de nos têtes est effective-ment internationale ; les images moissonnées par le télescope Hubble ont fasciné les curieux et même les blasés de la planète entière ; les missions robotiques sur Mars, de Pathfinder à Curiosity, ont été sui-vies par des millions d'internautes ; les aventures de la sonde japonaise Hayabusa, lancée à la découverte de l'astéroïde Itokawa, ont inspiré trois films au pays du Soleil Levant ; les exploits de la sonde Rosetta et de son compagnon Philae, chargés d'étudier la comète Churyo-mov Gerasimenko, ont suscité un intérêt médiatique bien au-delà des prévisions et des attentes. Autant de missions d'exploration qui ont démontré la compétence et l'habileté, l'enthousiasme et la ténacité des ingénieurs. L'espace n'a pas déçu ; il a encore et souvent fait rêver ceux qui s'informent et découvrent les nouveaux chapitres de son histoire, de son odyssée. Pourtant, qu'attendre de révolutionnaire de la part de vols habités qui semblent confinés aux orbites terrestres, pour plu-sieurs décennies encore et au moins ? Qu'attendre d'un univers dont les limites observables avec nos télescopes à la vue la plus perçante se perdent dans les brumes de l'illimité, voire de l'infini ? Faut-il repren-dre à notre compte le constat de Pierre Auger, le premier président du CNES : « Il ne manque pas d'hommes de science qui préféreraient arriver à une sorte de moratoire avec la science-fiction, en disant à ses auteurs : 'Arrêtez-vous, ne déflorez pas ce que nous allons faire.' Au moment où cela se passe, le public est vacciné. Il ne s'étonne plus. C'est regrettable » ? Bref, l'exploration de l'espace a-t-elle réellement un avenir ou bien faut-il considérer les années 1960 comme une bizarrerie spatiale ?

2
Nous sommes (pourtant) allés sur la Lune !

Revenons à l'exploit de Neil Armstrong et de Buzz Aldrin, le 20 juillet 1969, qui occupe une place particulière dans l'histoire de l'humanité et, pour cela ou malgré cela, peut offrir matière à réfléchir sur les conditions de l'exploration. Non seulement les deux hommes ont marché à la surface de la Lune et réalisé le pas, la foulée la plus longue jamais effectuée par des humains, mais leur exploit aurait été regardé par plus d'un demi-milliard de téléspectateurs, sans parler des auditeurs plus nombreux encore : jamais jusqu'alors un exploit de cette nature et de cette envergure n'avait pu être suivi d'aussi près par autant de témoins. Cette innovation, technologique pour l'essentiel, a permis d'illustrer, mieux encore d'incarner l'esprit du traité adopté en décembre 1966, « sur les principes régissant les activités des États en matière d'exploration et d'utilisation de l'espace extra-atmosphérique, y compris la Lune et les autres corps célestes ». L'article V de ce traité déclare en effet les astronautes « envoyés de l'humanité ». Et, de fait, après le retour sur Terre de l'équipage d'Apollo 11, nombreux sont les Terriens à avoir fièrement affirmé : « NOUS sommes allés sur la Lune ! » Neil Armstrong l'avait-il pressenti lorsqu'après avoir prudemment descendu l'échelle du module lunaire et foulé la fine poussière grise il prononça ces paroles vite devenues immémoriales : « *That's one small step for man, one giant leap for mankind* – ça n'est qu'un petit pas pour un homme . . . mais un bond de géant pour l'humanité . . . » ?

Au moment de lancer la onzième mission du programme Apollo, les autorités de la NASA et des États-Unis estimaient sans doute avoir tout prévu ou presque, y compris le pire. Un discours avait même été rédigé d'avance pour le président américain Richard Nixon, celui qu'il aurait à prononcer en cas d'échec de la phase la plus périlleuse de toute la mission, en l'occurrence la mise à feu du moteur de l'étage de remontée du module lunaire ; une opération encore jamais testée dans les conditions lunaires. De même, les scientifiques avaient prôné une prudente mise en quarantaine de l'équipage, après son amerrissage dans l'océan Pacifique ; une mesure de sécurité qui avait rapidement été estimée inutile . . . Pourtant, si tous les possibles aléas des expéditions lunaires avaient ainsi été prévus, toutes les suites liées à leur succès ne l'avaient peut-être pas été. Aujourd'hui, alors que se sont écoulées plus de quatre décennies depuis Apollo 17, la dernière mission sur la Lune, il convient d'aller regarder derrière la scène de la popularité, immédiatement et spontanément dressée pour accueillir Armstrong, Aldrin et Collins à leur retour de la Lune ; il convient de bousculer les certitudes répétées et les évidences trop vite acquises ; il faut même évoquer les doutes aujourd'hui encore émis sur la réalité des missions lunaires et de leurs succès. En effet, si ces soupçons et ces dénigrements relèvent d'une supercherie semblable à celle qu'ils prétendent dénoncer, ils n'en sont pas moins les signes révélateurs que l'exploit des astronautes américains souffrirait, sans que personne ne puisse être accusé d'en être l'auteur ou la cause volontaire, d'un double et apparemment contradictoire handicap : celui de l'excès et celui de la banalité.

D'une manière générale, devant « l'énormité » de certains exploits, qu'il s'agisse de la coïncidence des événements ou de la complexité des systèmes dont ils sont issus, du génie intellectuel, de la dextérité manuelle ou du courage individuel qu'ils ont exigés, il n'est pas étonnant que des esprits puissent émettre des doutes, demander davantage d'explications, attendre des confirmations supplémentaires. Par essence, les missions d'exploration abandonnent les rivages connus, franchissent les frontières du raisonnable : comment s'étonner si les expéditions de jadis, principalement humaines (mais il ne faut pas oublier les observations astronomiques qui, à partir du XVIIe siècle, ont eu les mêmes conséquences) comme celles d'aujourd'hui (où les robots occupent une place croissante), si ces expéditions laissent dubitatifs ceux qui ne peuvent pas accompagner les explorateurs et demeurent dans un monde demeuré inchangé et surtout connu ? L'excès de nouveauté, d'inconnu peut nuire à sa réception, à son acceptation par les ignorants, par les laissés-au-port. Certes, les explorateurs ont toujours eu le souci et le soin de rapporter des traces, des preuves de la réalité de leurs exploits, de la véracité de leurs récits. Les astronautes n'ont pas manqué de le faire : de la Lune ils ont rapporté des récits, des images photographiées et filmées, des pierres précautionneusement choisies et même de la poussière emprisonnée dans les fibres de leurs scaphandres. Sans oublier, évidemment, la diffusion en direct de leurs exploits, via les ondes des transistors, les caméras et les écrans des télévisions. Mais rien n'y fait, pas même le crochet droit, aussi foudroyant que désespéré, de Buzz Aldrin à l'un des détracteurs de son exploit lunaire : aujourd'hui encore, la NASA est soupçonnée d'avoir monté un diabolique complot, d'avoir eu recours aux studios d'Hollywood ou de Walt Disney . . . et d'avoir oublié que, sur la vraie Lune, aucun souffle d'air ne pourrait faire flotter *Stars and Stripes*, le drapeau des États-Unis ! Laissons aux spécialistes des théories du complot et de la conspiration le soin d'analyser ces accusations, d'en étudier le déploiement historique, d'en comprendre les motivations : le cas est trop intéressant pour qu'ils n'y trouvent pas matière à riche réflexion. Parmi les raisons avancées pour expliquer ces doutes, ces suspicions, mais aussi ces manipulations de l'opinion publique, il convient de ne pas oublier le constant suivant, qui ressemble à une évidence : les astronautes paraissent avoir accompli non seulement ce que les ingénieurs, les techniciens avaient conçu et leur avaient appris à faire, mais aussi ce que les auteurs d'anticipation et de science-fiction avaient imaginé, narré et dessiné depuis déjà quelque temps. Souvenons-nous seulement des œuvres de Jules Verne (*De la Terre à la Lune* et *Autour de la Lune*) et d'Hergé, le père de Tintin (*Objectif Lune* et *On a marché sur la Lune*). Lorsque la réalité de l'exploration rejoint la fiction et l'imagination, c'est la première qui semble perdre son charme et, à cause même de ses excès, aussi essentiels qu'inévitables, souffrir d'une irréversible banalisation . . .

Pour approfondir cette hypothèse, un livre mérite d'être relu, celui que Dan Simmons a consacré aux missions lunaires, *Phases of Gravity*, publié en 1989 et traduit en français sous le titre plus poétique des *Larmes d'Icare*. Son héros, Richard Baedecker, avait marché sur la Lune ; mais, seize ans après son exploit, il en a surtout gardé un goût d'inachevé et même une sorte de déception : « *C'est exactement comme les simulations*, avait-il pensé. Même lors de l'ultime manœuvre, il savait qu'il aurait dû voir autre chose, qu'il aurait dû ressentir autre chose. Il réagissait automatiquement aux instructions transmises par Houston, répondait aux questions des techniciens, introduisait les données requises dans l'ordinateur, répétait les chiffres à Dave, et pendant ce temps, la même phrase navrante résonnait encore et encore dans son esprit : *Exactement comme les simulations*[1]. » Malgré la tragique et singulière beauté des solitudes grises qu'il avait contemplées derrière son casque à la visière d'or, sa mission ne lui avait pas seulement paru être la répétition de ses heures d'entraînement à Houston et dans le Meteor Crater, pire encore la répétition de la mission Apollo 11. Elle avait aussi pris les allures d'une pâle réplique des fastueuses mises en scène concoctées par des artistes talentueux quelques années auparavant, tel Chelsey Bonestell dont les peintures ont littéralement inspiré le programme spatial américain. Baedecker, l'astronaute imaginé par Simmons, avait eu besoin de nouvelles rencontres, de nouvelles amitiés, de nouvelles amours, pour renouer les pièces disparates de son exceptionnelle aventure, la comprendre et la faire sienne ; bref, la digérer. Avant de revenir, plein d'usage et de raison, vivre parmi les Terriens le reste de son âge . . . Un sentiment de déception, analogue à celui éprouvé par Baedecker, n'expliquerait-il, du moins en partie, les doutes émis à l'égard des missions Apollo ? Après avoir découvert le film de Stanley Kubrick *2001, l'odyssée de l'espace*, sorti dans les salles en avril 1968, soit six mois avant la première mission habitée autour de la Lune, les humains restés sur Terre pouvaient être déçus en découvrant les images transmises sur des écrans de télévision. Et, même si la plupart d'entre nous ne connaîtrons jamais l'expérience singulière de l'espace et du temps vécue et racontée par les astronautes (des océans traversées en quelques dizaines de minutes et des levers de soleil toutes les quatre-vingt-dix minutes), les prouesses de l'imagerie et de l'informatique nous en offrent des succédanés virtuels presque aussi vertigineux et déroutants... à moins que, tellement familiers des animations météorologiques qui accompagnent désormais les bulletins du même nom, amateurs des films d'espionnages *made in Hollywood*, nous ne soyons déjà blasés et préférions, comme le font les passagers des *jets* modernes, occulter nos divers hublots et lucarnes pour mieux nous plonger dans un monde virtuel de divertissements et de jeux.

Entre l'excès et la banalité, entre le doute et la déception : peut-être faut-il avancer l'idée selon laquelle le succès des missions Apollo arrivait à la fois trop tard et trop tôt. Trop tard, parce que les imaginations et les esprits humains avaient déjà conçu ou reçu des images

---

1. Simmons, Dan. *Les larmes d'Icare*, Paris, Denoël, 1994, p. 16.

de conquête de la Lune et d'alunissage tellement précises, tellement élaborées que sa réalisation effective n'avait plus guère de pouvoir, ni de chance de les étonner. Trop tôt, parce les mêmes esprits n'avaient pas eu le temps de comprendre les tenants et les aboutissants de la révolution technologique dont les exploits américains (et soviétiques, ne les oublions pas) n'étaient que la mise en œuvre la plus effective ; le dessous de l'iceberg restait encore caché et le reste sans doute encore aujourd'hui en partie. Acteur mais aussi observateur averti de la grande scène astronautique, Arthur C. Clarke n'hésitait pas à écrire, dix ans après Apollo 11, que les voyages spatiaux correspondaient à « une mutation technologique qui n'aurait pas dû se produire avant le XXIe siècle[2] ». Et si Clarke avait raison ? Peut-être l'humanité n'était-elle pas prête à aller sur la Lune dès 1969, au point de considérer toute cette entreprise comme une sorte de bizarrerie . . .

---

2. Cité dans Dator, James A. *Social Foundations of Human Space Exploration*, New York, Springer-ISU, 2012, p. 27.

3
Une bizarrerie spatiale

On a pu dire et écrire qu'il était devenu l'astronaute le plus célèbre au monde, évidemment après Neil Armstrong. Quel exploit Chris Hadfield a-t-il réalisé pour gagner une telle notoriété ? Durant les six mois qui ont précédé son retour sur Terre, le 14 mai 2013, le Canadien a commandé l'équipage de la station spatiale internationale : aucun de ses compatriotes n'avait encore assuré cette responsabilité. Quelques jours avant de retrouver le plancher des vaches, au milieu des steppes du Kazakhstan, il a supervisé une délicate et urgente mission de réparation du plus grand complexe jamais construit dans l'espace. Mais sa célébrité, il la doit à sa maîtrise du réseau *Twitter* : son séjour dans l'espace a été suivi par 850 000 abonnés et ses 88 vidéos ont connu un imprévisible succès mondial. La dernière d'entre elles, dans laquelle il interprète la chanson de David Bowie intitulée *Space Oddity* (Bizarrerie de l'espace), a été regardée à plus de 15 millions de reprises, un mois à peine après avoir été mise en ligne ! Au même moment, de jeunes lycéens français auxquels l'on demandait qui était le premier Français à avoir été dans l'espace admettaient l'ignorer : le nom de Jean-Loup Chrétien, qui a volé pour la première fois en juin 1982, leur était inconnu.

Il n'est pas question de nier, ni de dévaluer les qualités exemplaires de ces hommes et de ces femmes, plus d'un demi-millier à l'heure actuelle, qui ont séjourné dans l'espace : aujourd'hui encore, ils explorent des frontières, aussi bien technologiques qu'anthropologiques, contre lesquelles butent le savoir, le pouvoir et la curiosité des humains. Et il leur revient de rendre compte de leurs missions à ces frontières, comme a su le faire le colonel Hadfield avec un professionnalisme et un brio incontestables. Mais le succès presque exagéré de ce dernier ne révèle-t-il pas, *a contrario*, la banalisation, pour ne pas dire le désintérêt, qui est aujourd'hui le lot de la plupart des missions spatiales habitées ?

Il n'est pas question non plus de regretter l'époque de la course à la Lune : les risques alors courus par les astronautes apparaissent aujourd'hui exorbitants et le contexte socio-politique de la Guerre froide peu enviable. Les années ont passé : le rideau de fer a été levé et la situation géopolitique du monde a changé ; dans l'espace, la lutte farouche entre l'Union soviétique et les États-Unis a laissé place à un équilibre politique plus raisonnable, fait de compétition, de mutuelle surveillance et de coopération, entre une douzaine de puissances spatiales. Comment dès lors ne pas se féliciter de pouvoir contempler un astronaute canadien qui chante et joue de la guitare en compagnie de collègues russes, américains, européens ou japonais, au milieu d'une station internationale ! Pour autant, le retour sur Terre du musicien de l'espace laisse un goût d'amertume . . .

De fait, les raisons du choix artistique de Hadfield paraissent étranges. Diffusée en 1969 quelques jours avant l'alunissage d'Apollo 11, la chanson *Space Oddity* raconte en effet l'histoire du major Tom, ses échanges avec la salle de contrôle. Après un décollage parfait, l'astronaute effectue une sortie extravéhiculaire ; ensuite, survient une panne et son vaisseau se met à errer dans l'espace, comme une vulgaire « boîte de conserve ». Peu à peu, major Tom perd le contact avec le sol et doit se résoudre à périr : « Il n'y a rien que je puisse faire » sont les dernières paroles de la chanson . . . Interpréter cette œuvre, n'est-ce pas une étrange façon de conclure une mission de longue durée dans la station orbitale internationale ? Pourquoi, je répète mon interrogation, Hadfield a-t-il choisi cette chanson ? A-t-il cédé à la déception de devoir quitter sa boîte de conserve spatiale et internationale pour regagner la Terre, à la nostalgie de l'espace ou, pire encore, au désespoir ? À moins qu'il n'ait simplement choisi une belle mélodie et une œuvre qui, à l'époque de sa parution, avait remporté un vif succès. Qu'importe, le signe est là : l'un des astronautes (momentanément) les plus célèbres de l'histoire est revenu sur Terre après avoir chanté « Il n'y a rien que je puisse faire ». Autrement dit, il paraît n'avoir ramené de l'espace rien d'autre qu'un constat d'impuissance non seulement face à un accident technique, heureusement purement imaginaire, mais peut-être aussi face à une dérive, une décroissance de l'entreprise spatiale. Voilà un choix bien étrange, peu enclin à satisfaire ceux parmi les humains qui recherchent l'aventure, mais plutôt ceux qui à conforter ceux qui pensent que l'entreprise spatiale n'a désormais plus grand-chose à voir avec les élans d'exploration qui, dans le passé, ont marqué l'histoire de notre espèce.

Car les critiques ne manquent pas. Elles se plaisent à rappeler les propos tenus lors du congrès international d'astronautique, en septembre 1967 à Belgrade. Emportés par l'enthousiasme et l'émulation provoqués par la course à la Lune qui faisait alors rage, avant même que Neil Armstrong et Buzz Aldrin n'aient accompli les premières foulées d'humains à la surface du satellite de la Terre, les participants américains et soviétiques à cette rencontre avaient ébauché un plan d'exploration du système solaire. Une fois la Lune atteinte, prévoyaient-ils, avant la fin de la décennie, la prochaine étape serait le survol de Vénus au début des années 1980. Les premiers astronautes ou cosmonautes fouleraient le sol de Mars en 1983, visiteraient Vénus en 1986 et, dix ans plus tard, Mercure. Avant la fin du siècle, estimaient encore ces scientifiques et ces ingénieurs des années 1960, de grands vaisseaux d'exploration se rendraient jusqu'à Jupiter et ses lunes seraient bien évidemment explorés par des humains. Les visionnaires de Belgrade n'osèrent pas aller plus avant dans leurs perspectives...

En fait, constate Serge Brunier, l'incroyable programme d'exploration élaboré à Belgrade a été réalisé... mais par des engins automatiques. « Progressivement, note-t-il, les vols habités ont été abandonnés par les acteurs historiques de la conquête spatiale : les militaires et les scientifiques, qui ont très vite compris que la présence de l'homme dans l'espace était au mieux superflue, au pire néfaste. » Pourtant, poursuit le journaliste français, cela n'empêche pas la NASA ou l'ESA de consacrer une grande part de leur budget aux vols habités (« qui utilisent, contrairement à ce qu'affirme la vulgate, les technologies spatiales les plus rustiques, les plus éprouvées, les plus conservatrices »). Avant de conclure : « Les astronautes sont le frein le plus sûr, le plus efficace, à l'exploration réelle de l'espace[1]. »

Sévères, ces critiques méritent d'être prises en considération, non pour les encenser ni pour les démolir, mais comme une invitation à se tourner vers les racines anthropologiques de l'exploration, en particulier celle de l'espace.

---

1.   Brunier, Serge. *Impasse de l'espace. À quoi servent les astronautes ?*, Paris, Seuil, 2006, p. 16 et 21.

4
« Le ciel nous est-il ouvert ? »

Peu nombreux sont aujourd'hui ceux à avoir lu ou simplement à connaître l'essai publié en 1960 par Walter Pons : *Steht uns der Himmel offen ? – Le ciel nous est-il ouvert ?*[1]. Cet ouvrage singulier offre probablement l'une des premières réflexions philosophiques menées à propos de l'entreprise astronautique, une fois celle-ci devenue réalité. À la question qui sert de titre à son livre, l'auteur répond : « Nous ne connaîtrons pas vraiment le monde, si nous ne nous connaissons pas d'abord nous-mêmes. » Cette réponse fleure bon l'influence de Socrate, puisque le célèbre philosophe grec avait transformé la sentence gravée au fronton du temple de Delphes et enseignée par ses prêtres : « Connais-toi toi-même, laisse le monde aux dieux », en une formule presque opposée : « Connais-toi toi-même et tu connaîtras l'univers et les dieux. » Dans l'enseignement socratique, Hegel voit un tournant majeur pour la pensée humaine : Socrate propose en effet de faire de la conscience intérieure l'instance de la vérité et de la décision. Il n'est plus nécessaire, ni même question de se laisser diriger par un ordre divin, supérieur et inatteignable que seules les voies de l'oracle, de la divination ou de la mystique peuvent éventuellement révéler ; il revient désormais à l'être humain de prendre lui-même en main son avenir. N'est-ce pas précisément ce que les hommes du XXe siècle ont entrepris de faire en s'engageant dans la périlleuse conquête de l'espace, en y inscrivant eux-mêmes leur destin plutôt qu'en cherchant à le lire dans le cours des étoiles, à la manière des anciens ? Mais la question posée par Pons n'est pas pour autant résolue : l'être

---

1. Cf. Pons, Walter. *Steht uns der Himmel offen ? Entropie-Ektropie-Ethik. Ein Beitrag zur Philosophie des Weltraumzeitalters*, Wiesbaden, Krausskopf Verlag, 1960.

humain, comme individu et comme espèce, est-il, oui ou non, taillé pour affronter l'espace, sa démesure, son inhospitalité, sans oublier les nouvelles appréhensions de la réalité, les nouvelles conceptions du monde auxquelles il conduit et que parfois il impose ?

Extrême autant qu'emblématique paraît, vis-à-vis de la question de Pons, l'expérience des sorties extravéhiculaires, autrement dit des sorties en scaphandre dans le vide spatial : les humains y affrontent l'espace dans ce qu'il a de plus étrange, de plus grandiose, de plus hostile aussi. Tous ceux qui l'ont vécue, parfois à plusieurs reprises, en gardent un souvenir absolument unique. Le philosophe français Maurice Blanchot, décédé en 2003, l'a bien compris lorsqu'il réfléchit à la signification de la première sortie d'un homme dans l'espace, autrement dit à l'exploit de Leonov.

Souvenons-nous. Le 18 mars 1965, protégé par son seul scaphandre et relié au Voskohd 2 par un solide cordon ombilical, Alekseï Leonov effectue la première « marche dans l'espace » de l'histoire. « Je m'avançais vers l'inconnu et personne ne pouvait me dire ce que j'allais y rencontrer, raconte-t-il. Je n'avais pas de mode d'emploi. C'était la première fois. Mais je savais que cela devait être fait . . . Je grimpai hors de l'écoutille sans me presser et m'en extirpai délicatement. Je m'éloignai peu à peu du vaisseau . . . C'est surtout le silence qui me frappa le plus. C'était un silence impressionnant, comme je n'en avais jamais rencontré sur Terre, si lourd et si profond que je commençai à entendre le bruit de mon propre corps . . . Il y avait plus d'étoiles dans le ciel que je m'y étais attendu. Le ciel était d'un noir profond, mais en même temps, il brillait de la lueur du Soleil . . . La Terre paraissait petite, bleue, claire, si attendrissante, si esseulée. C'était notre demeure, et il fallait que je la défende comme une sainte relique. Elle était absolument ronde. Je crois que je n'ai jamais su ce que signifiait *rond* avant d'avoir vu la Terre depuis l'espace. » L'exploit de Leonov, nous le savons aujourd'hui, manque de tourner au drame. Sous l'effet de la pression intérieure, son scaphandre se met à gonfler, jusqu'à l'empêcher de plier les bras et les jambes. Il se garde d'abord d'en parler à ses interlocuteurs terrestres ; mais il ne peut déclencher la caméra qu'il porte à l'épaule. Lorsque, au bout d'une douzaine de minutes, il est temps pour Leonov de réintégrer *Voskhod 2*, le cosmonaute ne parvient pas à pénétrer dans le sas les pieds en avant, selon la procédure prévue : il se résout à entrer la tête la première. Mais, pour fermer la trappe qui donne dans le vide, il lui faut se retourner :

impossible de le faire sans ouvrir une valve destinée à faire baisser la pression dans son scaphandre. Ce que Leonov parvient à faire : exténué, il finit par rejoindre son camarade et commandant, Pavel Beliaïev. Pour les deux hommes, les ennuis ne sont pas terminés : une panne du pilotage automatique les contraint à effectuer manuellement leur rentrée atmosphérique ; ils touchent Terre à près de quatre cents kilomètres du point d'atterrissage prévu et doivent passer deux nuits dans une forêt de Sibérie enneigée, dans la crainte des ours et des loups ; la première balade de l'espace s'achève pour Leonov par une randonnée à ski pour rejoindre l'hélicoptère de secours...

Cet exploit inspire à Blanchot la réflexion suivante : « ... loin, – dans une distance abstraite et de pure science –, soustrait à la condition commune qui est symbolisé par la force de gravité, il y avait quelqu'un, non plus dans le ciel, mais dans l'espace, dans un espace qui n'a ni être ni nature, mais qui est purement et simplement la réalité d'un presque vide mesurable. L'homme, mais un homme sans horizon[2]. » Le trait n'est pas trop fort, ni même réduit au symbolique. L'homme qui a enjambé le parapet de son balcon spatial, l'homme qui marche désormais dans le vide spatial est entraîné dans une ronde fulgurante autour de la Terre. Se jouant des collines et des montagnes, des étangs et des mers qui, tout en bas, oblitéraient son regard et formaient autant de limites, d'horizons à sa curiosité, il n'a besoin que d'une heure et demie pour faire le tour du globe, le tour du propriétaire, le tour de la question. Mais lui reste-t-il encore quelque chose à connaître de la Terre, à connaître de lui-même, dès lors qu'il est parvenu à se hisser à cette altitude, à se libérer de toute pesanteur, à danser avec les étoiles devenues si proches, une fois levé le voile atmosphérique ? À quatre cents kilomètres d'altitude, les voix des prêtres de Delphes, les voix de Socrate et de Hegel deviennent inaudibles. Walter Pons a donc raison de s'interroger : l'être humain était-il prêt à faire une telle expérience ? Était-il préparé à installer une distance aussi décisive entre la Terre et lui-même, et surtout à affronter la forme ultime du vertige puisqu'a disparu tout repère possible, vertical ou horizontal ?

Dans l'immédiate période post-Apollo, la question fut prudemment écartée, peut-être même oubliée : les Américains utilisèrent les

---

2. Maurice Blanchot, au sujet de la première sortie de l'homme dans l'espace, cité par Sophie Dupey, « *L'homme sans horizon* », *texte sur le travail de Richard Morice, peintre*, http://sophie.dupey.over-blog.com/pages/l-homme-sans-horizon-texte-sur-le-travail-de-richard-morice-peintre-8326557.html.

dernières fusées Saturne pour installer un « atelier spatial » au-tour de la Terre ; les Soviétiques firent de même avec leurs stations Saliout et Mir ; la construction de la station spatiale internationale a nécessité des dizaines de sorties extravéhiculaires. Un film-catastrophe, *Gravity*, réalisé par Alfonso Cuarón en 2013, a même mis en scène de manière spectaculaire et dramatique l'expérience singulière de l'apesanteur autour de la Terre. Mais la question posée par Pons demeure ouverte et l'analyse de Blanchot pertinente : confronté au vide spatial, l'humain se trouverait désormais sans horizon pour fixer un nouveau but, une nouvelle destination à sa curiosité naturelle, à sa propension à explorer. Certes, des agences spatiales nationales et internationale, parfois même des entreprises privées parlent de retourner sur la Lune, d'aborder un astéroïde, de coloniser Mars . . . mais rien n'existe aujourd'hui qui soit concret et permette d'assurer que ces projets verront le jour. Comme si le pas à accomplir était (re)devenu trop grand pour l'humanité, comme si l'horizon s'était enfui au-delà des frontières de nos espoirs, de nos rêves, de nos imaginations.

Aurait-il fallu aller sur la Lune ? Aurait-il fallu y aller plus tard ? La question n'est plus d'actualité : les pas d'Armstrong et d'Aldrin sont inscrits pour longtemps dans la poussière lunaire. En revanche, les humains se sont retournés vers la Terre. Au moment où les astronautes d'Apollo prenaient notre planète bleue en photo, les mouvements écologistes fleurissaient. Aujourd'hui, tandis que la compagnie aérienne Air France nous promettait de « faire du ciel le plus bel endroit de la terre », l'agence spatiale française, le CNES, choisit pour signature : « De l'espace pour la Terre ». Les successeurs de Spoutnik ne nous emportent pas loin de notre berceau, ils nous aident au contraire à mieux nous en occuper, à le protéger de nos propres souillures, à le préserver pour les générations à venir. « Revenons sur Terre ; retrouvons de raisonnables horizons ; pensons à notre avenir, à nos enfants. L'exploration de l'espace attendra des jours meilleurs » : le slogan, l'argument sont désormais courants, font l'objet de publications, voire de films. Dès lors, la conquête de l'espace n'aura-t-elle été qu'un intermède dans l'histoire de l'humanité, un épisode à oublier pour mieux se concentrer sur son avenir incertain ? Pour répondre à cette question aussi honnêtement et lucidement que possible, il conviendrait de renouer avec les racines mêmes de l'exploration.

5
Explorer est-il le propre de l'homme ?

« L'histoire de la race humaine, expliquait Fridtjof Nansen, l'un des explorateurs du pôle Nord, est un combat permanent des ténèbres avec la lumière. Il n'y a donc pas à discuter de l'usage de la connaissance ; l'homme veut savoir et lorsqu'il cesse de le vouloir, il n'est plus un homme. » Son compatriote, Roald Amundsen, avait une formule plus sévère : « Les esprits étroits ont seulement de la place pour penser au pain et au beurre. » Aux yeux de ces deux hommes, exploration et quête du savoir allaient de pair. De son côté, Thomas Hobbes, dans le *Léviathan*, propose que « le désir de connaître le pourquoi et le comment [soit] appelé curiosité. » Les deux explorateurs et le philosophe offrent-ils à eux trois une réponse satisfaisante à la question : explorer est-il le propre de l'humanité ? Il le semble. Si nous nous accordons le singulier intérêt de s'interroger sur le pourquoi et le comment des choses, des êtres et, surtout, de nous-mêmes et si nous admettons l'idée selon laquelle la curiosité est le principal ressort de l'exploration, nous pouvons effectivement conclure qu'explorer est le propre de l'homme. Et, dans la foulée, nous nous préparons à refuser aux êtres non-humains toute attitude, tout mouvement qui puisse être empreint, entaché de la moindre curiosité.

Certes envisageable, cette perspective nous entraîne tout de même dans de délicates circonvolutions sémantiques : avec quel terme décrivons-nous dès lors le spectacle quotidien offert par nos animaux familiers ? Que nous reste-t-il pour qualifier les comportements des mésanges charbonnières étudiées par des ornithologues qui estiment pouvoir associer une forme particulière du gène codant pour le récepteur 4 à la dopamine avec la capacité de ces oiseaux à s'intéresser à un objet insolite ? Devons-nous nous abstenir de parler pour eux comme pour nous de curiosité ? Mieux vaut peut-être ne pas emprunter d'emblée la voie indiquée par Hobbes, mais y revenir par la suite, après avoir défini la curiosité comme l'intérêt, voire la simple disponibilité, à un être ou à un phénomène.

Partons pour cela de l'expérience qui semble commune aux animaux et aux humains. Dans l'écoulement ordinaire de leur temps, sur la scène habituelle de leur existence, survient, advient, de quelque manière que ce soit, un mouvement, une chose, un être, une personne qui, d'emblée, leur paraît inhabituel, insolite, extraordinaire. L'un de leurs sens s'anime, s'alerte : les oreilles du chien se dressent, les yeux du chat (apparemment) endormi s'ouvrent, la mésange s'agite, l'homme sursaute. Rapidement, tous les sens sont mis en alerte : que se passe-t-il ? Qu'arrive-t-il ? Qui va là ? Par un mouvement réflexe, hérité ou acquis, l'alerte se transforme vite : elle déclenche la crainte, peut-être l'effroi, entraîne la défense, la fuite, l'assaut ; ou bien elle provoque la stupeur, l'étonnement et, pour finir, la curiosité. Est-il surprenant, choquant peut-être, qu'à ces sensations, ces mouvements, ces réactions, il soit envisagé et, finalement, possible de donner des bases que les scientifiques qualifient de biologique et les philosophes de naturelle ? Autrement dit, des bases à la curiosité qui soient communes aux animaux et aux humains. De fait, il n'y a là aucune raison de s'en émouvoir, bien au contraire : après avoir posé ce qui ressemble et rassemble, il est plus aisé de découvrir et de comprendre ce qui distingue, ce qui différencie. Et ainsi de revenir plus aisément à Hobbes.

Accorderons-nous au chat qui joue avec son ombre ou celle de son maître non seulement le désir de connaître le comment de ce phénomène mais aussi et pour le moins, l'expérience de son incapacité à le comprendre ? Sans doute, car, aussi informulée que cette question puisse être et demeurer, ses sauts et ses coups de patte désespérés laissent supposer la montée d'une forme de désarroi ou d'énervement que l'aimable félin ne montre guère lorsqu'il suit les manœuvres désespérées d'une de ses proies. En revanche, le pourquoi, l'origine du phénomène optique n'appartient probablement pas à son horizon de conscience. Dans l'état actuel de nos connaissances, c'est à l'être humain et d'une manière singulière que nous prêtons le pouvoir de se poser de telles interrogations, presque métaphysiques.

Il n'est pas nécessaire de s'étendre ici sur les multiples fondements qu'il est possible d'accorder à cette humaine capacité ; il suffit de retenir un seul d'entre eux pour le lier sans plus de délai à la curiosité :

l'imagination. Pour le dire d'un mot : c'est parce qu'il est capable de s'absenter de sa propre immédiateté, de se projeter dans un ailleurs, d'outrepasser les frontières de l'espace et du temps, que l'être humain en vient à se poser, en vient même à être habité par la question du pourquoi, autrement dit la question des origines, qu'il s'agisse de celles d'une ombre affolante ou des siennes propres. L'enfant qui assaille ses parents de la sempiternelle interrogation : « Dis, papa, dis, maman, pourquoi . . . ? » la pose parce qu'il se découvre capable, grâce à son imagination, de prendre de la distance par rapport à un événement ou, au contraire, à s'y croire participant ; ou parce qu'il se découvre capable de prendre la place, la condition d'un être autre que lui. C'est là notre commune expérience, lorsque nous nous interrogeons sur le pourquoi, autrement dit sur l'origine et le but, sur le sens et la finalité, de nos existences, au-delà même de l'expérience unique et perdue de la naissance et de celle toujours à venir de la mort. Le ferions-nous si nous étions dénués de toute imagination ? Évidemment, il est impossible d'en imaginer (!) la réponse ; en tout cas, nous n'en observons pas de trace chez les animaux, même dits supérieurs.

L'alliance de la curiosité et de l'imagination, voilà qui apparaît comme singulier, propre à l'humain. Voilà aussi ce qui semble fonder, à côté de la propension à s'interroger sur le pourquoi, celle à explorer. Car l'homme n'a-t-il jamais entrepris d'explorer d'autres mondes que ceux-là mêmes qu'il a préalablement imaginés, auxquels il a d'abord rêvés ? N'a-t-il jamais exploré d'autres territoires que ceux dont ses cartes ont d'avance tracé les contours, imaginé les formes et qu'il a peuplés d'êtres extraordinaires ou simplement laissés inhabités ? Fascinantes *terrae incognitae* des anciens, vertigineuses *final frontiers* des modernes, qui ne servent pas seulement à remplir l'espace au-delà de l'horizon géographique, à entretenir la curiosité des plus aventureux humains, mais aussi à offrir des bribes de réponse aux interrogations les plus lancinantes, celles de nos origines et de notre destin, celles de notre identité et de la possible existence d'autrui. L'exploration n'est donc pas un jeu, un faire sans pourquoi, mais l'une des entreprises humaines les plus sérieuses qui soient.

Curiosité, imagination, exploration : le nœud se resserre autour du drame unique de l'humanité. Nous n'en perdons pas pour autant le sens de notre nature la plus commune, la plus immédiate. Pour le dire d'une formule : humains, singulièrement humains, nous explorons comme nous respirons.

La naissance d'un petit d'homme marque son entrée dans le cercle des explorateurs : il est brutalement expulsé, chassé du paradis des origines, du jardin des délices dans lequel il a vécu neuf mois durant. Il est plongé dans un monde qu'il avait jusqu'alors perçu et, sans nul doute, imaginé au travers de l'horizon que constituait le ventre arrondi de sa mère. En un instant, il découvre l'air, la lumière, les bruits, les odeurs, les chocs, le tout sans le délicat filtre maternel. Et il commence à respirer. Première inspiration, première expiration. Déploiement des alvéoles pulmonaires, claquement de voiles sous l'effet d'une tempête. Terrible, douloureux. Souffrance ultime, cri déchirant, avant que le calme revienne, que le souffle s'installe. Jusqu'à sa mort, le petit d'homme ne cessera plus d'inspirer et d'expirer, d'aspirer et de rejeter, de concentrer et de dilater l'air indispensable à sa vie, parfois à sa survie. Et pas seulement l'air : le monde intérieur et le monde extérieur, le soi et le non-soi, le connu et l'inconnu ne cessent plus, une vie durant, de se croiser, de s'échanger, de s'affronter, de se bousculer aux portes de nos sens, aux comptoirs de nos savoirs, aux frontières de notre conscience. Oui, l'homme explore comme il respire et respire comme il explore.

Dès lors, il n'y a plus de raison de s'étonner de l'étymologie, surprenante *a priori*, du terme explorer. À la racine latine du verbe *plorare* (crier, pleurer) a été adjoint le préfixe *ex*, pour obtenir la signification originelle de « s'écrier ». Voilà qui pourrait ne présenter guère de lien avec le sens que nous conférons habituellement au terme d'exploration. Le constat est d'autant plus troublant que l'adjonction du préfixe opposé, *in*, donne un résultat sémiologique qui relève davantage de la complémentarité que la différence, de l'opposé entre l'extérieur et l'intérieur : *implorare* signifie attirer l'attention à soi, réclamer. Sans doute conviendrait-il d'en appeler à une dérive sémantique pour expliquer l'écart entre le champ de l'étymologie et l'usage habituel du terme d'exploration ; mais est-ce utile ? Probablement pas, car ce jeu des mots et des sens souligne, lui aussi, le caractère profondément humain de l'entreprise qualifiée d'exploratoire, qui jamais ne saurait être réduite à la seule sortie de soi, de son territoire, mais intègre toujours une intégration, une ingestion. L'exploration est et restera toujours une entreprise dramatique qui ne peut éviter les larmes, les cris, les pleurs, qu'ils soient de joie et de plaisir, de tristesse et de souffrance ; une entreprise humaine, terriblement et magnifiquement humaine qui ne trouve jamais d'autre issue que celle de la mort. *Usque ad mortem*, jusqu'à la mort, car tel est le terme ultime de l'humaine exploration.

6
Besoin d'origine

Est-il révolu le temps où un sage de la Bible pouvait écrire, dans le *Livre des Proverbes* : « Il y a trois choses qui me dépassent et quatre que je ne connais pas : le chemin de l'aigle dans les cieux, le chemin du serpent sur le rocher, le chemin du vaisseau en haute mer, le chemin de l'homme chez la jeune femme » ? Désormais, nous fixons de minuscules émetteurs sur les aigles afin de pouvoir les suivre dans leurs majestueuses pérégrinations, nous possédons des moyens sophistiqués pour traquer les moindres substances chimiques laissées par les reptiles dans leur environnement, nous observons les mouvements des bateaux et de la mer grâce à l'œil des satellites et nous disséquons les processus biologiques les plus intimes à l'aide du microscope, du scanner ou de l'échographie ! Ainsi, selon toute apparence, le monde est devenu transparent, nu sous le regard et les instruments de l'homme. Pour parvenir à un tel degré de connaissance, parfois même de maîtrise, nos prédécesseurs, nos contemporains, nous-mêmes n'avons pas craint de franchir des frontières physiques et psychiques, de briser des sphères et des tabous, d'affronter des dangers et de courir des risques. Pour vaincre ce qui jusqu'alors nous dépassait, nous narguait ; pour atteindre et traverser ces étendues terrestres, maritimes et aériennes évoquées par le sage ; pour connaître surtout ce que nous ignorions : « le chemin de l'homme chez la jeune femme », autrement dit le mystère de notre naissance, le mystère de notre origine.

Le tour du monde qu'entreprit le jeune Charles Darwin, à partir de décembre 1831, à bord du *Beagle*, n'était pas un voyage d'agrément offert par son père pour saluer la fin de ses études de théologie à Cambridge : naviguer à bord des navires de sa très gracieuse majesté britannique, au milieu du XIXe siècle, offrait tous les ingrédients susceptibles d'en faire une audacieuse aventure, en même temps qu'une passionnante expédition d'exploration. Nous connaissons le profit que Darwin sut en tirer, les territoires entiers du savoir humain sur le vivant, ses origines, son évolution que le naturaliste anglais contribua magistralement à faire sortir des brumes de l'ignorance.

Firent de même les anthropologues et les préhistoriens qui, quelques années après le célèbre naturaliste anglais, s'enquirent de nos premiers ancêtres. « Le berceau de l'Humanité ? », aimait à plaisanter l'un de ces chercheurs, l'abbé Henri Breuil, « Ne vous en inquiétez pas, c'est un berceau à roulettes ! » Alors ces savants prirent la route des cavernes, s'engagèrent dans des ténèbres où personne, depuis des millénaires, n'avait osé s'aventurer, plongèrent dans des siphons, retrouvèrent les ancestrales postures pour reproduire de fantastiques peintures. Les certitudes à briser n'étaient pas moindres que celles auxquelles Copernic, Darwin et leurs confrères s'étaient attaqués : des esprits religieux s'offusquaient d'apprendre qu'ils ne descendaient pas d'un ange, lui-même déchu, mais d'un singe, en voie d'amélioration et de progrès ; des esprits suffisants refusaient d'accorder à leurs ancêtres la maîtrise d'un art pariétal comparable à celui de la Sixtine . . . Disputes d'intellectuels à l'ombre des coupoles académiques ; obscurs combats avec les méandres telluriques ; luttes sans fin avec les reliques du passé, avec pour armes le marteau, le crayon et le papier calque. Tous ces savants, Darwin à bord du *Beagle*, Breuil dans les grottes de Lascaux, affrontaient des terres encore inconnues du globe en même temps qu'ils exploraient les territoires les plus sensibles du savoir de l'humanité : ceux de ses origines.

Et si l'un des ressorts les plus forts, les plus sûrs, les plus solides de l'exploration consistait précisément dans la recherche, dans la quête de nos origines ? Sans doute cette nouvelle hypothèse est-elle un peu excessive : Christophe Colomb, Fernand de Magellan n'y pensaient certainement pas lorsqu'ils affrontaient les océans de la planète ; pas davantage les aviateurs de l'Aéropostale qui entraient dans le pot-au-noir de l'Atlantique Sud ou s'engageaient dans les hautes vallées des Andes. Et pourtant, écrit Antoine de Saint-Exupéry, lorsque le grand Mermoz traversait les Andes au péril de sa vie et de celle de son mécanicien pour transporter des lettres d'amour et des courriers de marchands, il faisait bel et bien « naître l'homme en lui ». Dès lors, demandons-nous si la crise que rencontre aujourd'hui l'exploration spatiale ne consiste pas dans la manière de prendre au sérieux la quête de nos origines et, conjointement, de notre identité plutôt que dans les défis technologiques, stratégiques, politiques, économiques à relever pour rendre possibles un retour sur la Lune et une arrivée sur Mars, ou encore dans le choix jamais tranché entre l'homme et le robot.

Entendons-nous sur le sens à donner au mot d'origine et distinguons-le de celui de commencement. Les scientifiques qui se penchent sur l'histoire de l'univers ou sur celle de la vie terrestre, nous-mêmes aussi lorsque nous nous interrogeons sur notre propre existence, tous nous pouvons aisément faire l'expérience de nous heurter à d'infranchissables limites, dès lors que nous voulons en connaître le commencement. Nous aurons beau entreprendre les explorations introspectives les plus audacieuses, nous arriverons toujours en retard pour être contemporains de nos commencements, personnel ou cosmique ; nous aurons beau prendre les chemins tortueux de l'imagination, scruter les regards des mourants, peser les âmes ou échafauder d'incroyables formules cosmologiques, nous resterons toujours en avance sur nos fins, nos morts, nos disparitions, celles de nos personnes comme celles de nos civilisations ou celle de notre monde. Les commencements et les fins, qui ne sont que les reflets des premiers, restent à jamais des terres inconnues qui ne cessent donc pas de fasciner, de tenter les explorateurs, avides de repousser encore et encore les frontières aujourd'hui atteintes. Et pourtant, les commencements et les fins ne sont que de volatiles et éphémères états, qui dépendent en grande partie des définitions que nous donnons aux modes d'existence qu'ils encadrent. Plus périlleuse, plus attirante aussi, apparaît la notion d'origine.

Ainsi, parler des origines d'une personne, c'est non seulement s'intéresser à sa date et à son lieu de naissance, bref aux informations de sa carte d'identité, mais aussi à sa famille et à son terroir, à sa culture et à son environnement social, à ses expériences et à son histoire, bref à tout ce qui a pu constituer et influencer, à un moment ou à un autre, ses comportements, ses choix, ses refus, etc. Loin de se limiter au commencement, l'idée d'origine est à appréhender dans la perspective de l'originalité, de la singularité d'une personne, dans l'instant et le lieu présents. *Hic et nunc.*

En revanche, ne pas distinguer l'origine du commencement, c'est prendre le risque d'appréhender la réalité comme une inlassable répétition, une immanquable imitation d'un archétype qui relève du

passé, du seul début. Deux convictions, non dénuées d'une dimension religieuse, peuvent être associées à une telle confusion : toute
forme d'innovation est potentiellement néfaste ; la vie humaine est
comprise comme une chute depuis la sphère divine, à partir d'un état
primordial et parfait. Confondue avec le commencement, l'origine
perd alors toute sa capacité génératrice de vitalité. Nous interroger
sur notre origine ne devrait donc pas être réduit à retourner des osse-
ments desséchés ou d'antiques fossiles, mais bien à nous demander ce
qui fait aujourd'hui notre originalité, notre singularité, à prendre conscience du simple fait que . . . nous sommes et demeurons contemporains de notre origine ! Ce qui apparaît au premier abord comme une
lapalissade possède une efficacité redoutable, dans la mesure où elle
ramène à la racine, au principe, bref à ce que nous appelons habituellement l'origine, tout questionnement comme toute réponse, toute
curiosité et tout désir de connaître, toute propension à explorer.

Le passé et l'avenir appartiennent en quelque sorte au champ
des commencements. Le passé, quelles que soient les découvertes
astronomiques et paléontologiques, sa connaissance demeure toujours réduite vis-à-vis de l'immensité de l'histoire, toujours frappée
d'un caractère hypothétique. Quant à l'avenir, il reste inaccessible à
nos savoirs et doit être abandonné à nos rêves et à nos convictions, à
nos prières, à nos croyances et à notre foi.

En revanche, penser l'origine dans sa contemporanéité, c'est avant
tout reconnaître notre existence et celle des êtres qui nous entourent
comme un fait qui s'impose ou se propose à nous, au travers de
l'objectivité des choses, dans leur immédiateté, même en différé
comme l'est celle des étoiles de l'univers. Toute existence devient un
événement offert à la conscience et à la connaissance des humains,
directement ou à travers les instruments qu'ils ont imaginés. L'origine
se laisse explorer.

Et si les explorateurs ont tous choisi, plus ou moins secrètement, de
préférer l'origine au commencement et à la fin, laissant ainsi ouverte
la question du sens de la réalité qu'ils découvrent ?

7
L'espace coûte que coûte ?

Combien d'explorateurs, combien de savants ont-ils payé de leur vie la soif de connaissance qui était la leur, en même temps que celle de l'espèce humaine ? Quelles sont les limites à poser à l'exploration ? À partir de quel coût l'espace deviendrait-il inabordable ? Lorsqu'il est question d'exploration, ces interrogations ne tardent jamais à surgir. Arrêtons-nous.

« Dans le règne des fins tout a un prix ou une dignité. Ce qui a un prix peut être aussi bien remplacé par quelque chose d'autre, à titre d'équivalent ; au contraire, ce qui est supérieur à tout prix, ce qui par suite n'admet pas d'équivalent, c'est ce qui a une dignité. » Pour répondre aux fréquentes interrogations sur le coût des activités spatiales, un coût parfois jugé par l'opinion publique astronomique, exorbitant ou sidérant, il peut être pertinent et utile de recourir à la distinction avancée par Emmanuel Kant dans ses *Fondements de la métaphysique des mœurs*.

Il est en effet courant de rendre compte des budgets spatiaux engagés par les États en avançant des chiffres et des ratios, en comparant des lignes budgétaires et des programmes publics. Il convient de rappeler que le budget du CNES s'élevait en 2018 à 2,4 milliards d'euros presqu'entièrement financés par l'État afin de conduire et de mener à bien sa politique spatiale. De préciser que, sur ce montant, 970 millions d'euros ont été destinés au programme spatial de l'Agence spatiale européenne. De savoir que le coût d'un lancement d'Ariane 5 est de l'ordre de 100 millions d'euros et que celui d'un vol des navettes américaines, aujourd'hui à la retraite, était en moyenne de 1,1 milliard de dollars. D'estimer à 3,4 milliards d'euros l'investissement nécessaire au programme Galileo, le « GPS » européen. Il est encore utile de comparer ces sommes aux 1,8 milliard d'euros qu'a coûté la construction de l'hôpital Georges Pompidou à Paris, aux 5,5 milliards d'euros de la ligne TGV Est, aux 46 milliards d'euros du programme d'avion de chasse Rafale. Enfin, il est possible d'ajouter que le budget de la NASA, pour 2018, se montait à 19,5 milliards de dollars, pendant que celui des activités spatiales militaires américaines était deux fois plus élevé. En revanche, il semble inopportun de préciser les budgets d'entreprises privées, comme la retransmission de grands événements sportifs ou les chiffres d'affaires des jeux de loterie . . .

Ces quelques données suffisent à le montrer : du point de vue de leurs coûts, les activités spatiales appartiennent bel et bien au champ des grands et même des très grands programmes d'investissement et de financement engagés et entrepris par les États. Ni plus, ni moins. Pourquoi, dès lors, les juger trop onéreuses ? Pourquoi estimer qu' « avec de telles sommes, on ferait mieux de rechercher des remèdes contre le cancer, de lutter contre la faim, etc. » ? Faut-il voir là les effets de l'évident processus de banalisation qui touche les outils spatiaux les plus utiles ? Les Terriens se sont si vite habitués à être survolés par des satellites de communication, d'observation ou de positionnement qu'ils ont fini par les oublier et en viennent même à s'étonner qu'il faille encore les imaginer et les construire, les lancer en orbite et les y maintenir, afin d'assurer les multiples services à distance que ces machines rendent et dont eux-mêmes jouissent jour après jour, des prévisions météorologiques à l'aide à la navigation, des réseaux internationaux de communication à l'observation et à la surveillance. Discrets, invisibles à l'œil nu, ces systèmes satellitaires ont effectivement un coût, mais aussi un prix, au sens kantien du terme. Ils ont un prix qui peut ou devrait être comparé, évalué au regard de l'accomplissement d'une mission, de l'obtention d'un résultat, de la réalisation d'une fin, au regard aussi des services terrestres équivalents, lorsqu'ils existent. S'agit-il de transmettre des informations au plus grand nombre ? Il convient aujourd'hui de comparer les bénéfices et les coûts du satellite et de la fibre optique, en fonction de l'accessibilité des populations concernées. Cette comparaison conduit d'ailleurs désormais à associer les deux techniques. Il serait possible de procéder de même pour toutes les techniques et opérations spatiales qui nous offrent leurs services. L'espace a un prix, mais n'est sans doute pas hors de prix.

L'espace développe un autre champ d'activités, celui de l'exploration, autrement dit celui des télescopes spatiaux, des sondes planétaires et, dans une moindre mesure, des vols habités. Que le coût de ces missions puisse être considéré comme modeste (le télescope Corot qui détecte des planètes extrasolaires a coûté 170 millions d'euros) ou qu'il soit plus conséquent (une mission automatique sur Mars est aujourd'hui évaluée à plusieurs milliards de dollars ; la mission Rosetta pour étudier la comète Churyomov Gerasimenko a coûté un milliard d'euros), force est de reconnaître que cet espace-là n'a pas d'équivalent et, par conséquent, doit être mesuré, évalué autrement que par son prix. Il mérite plutôt que lui soit appliquée la seconde notion proposée par Kant, celle de dignité. Cette posture n'est pas exagérée, ni déplacée. Accroître le savoir humain sur l'univers, la vie et leurs origines, affronter des terres jusqu'alors méconnues ou totalement inconnues, prendre le risque de bousculer des idées, des théories, des certitudes : que serait devenue notre espèce si, depuis sa naissance, elle n'avait honoré sa naturelle curiosité et sa propension peut-être innée à l'exploration par des entreprises à haute dignité ? Que deviendrait-elle si elle décidait de ne plus se laisser porter, influencer, inspirer par elles ?

Parmi ces entreprises, reconnaissons la manière particulière dont les astronautes continuent à être porteurs d'un rêve. À travers eux et par le drapeau qu'ils portent sur leur combinaison ou leur scaphandre, selon un phénomène d'identification bien connu, ce sont les citoyens de toute une nation, les habitants d'une planète entière, qui participent à l'aventure des vols habités et qui, indirectement, prennent le chemin des étoiles. Nous l'avons déjà rappelé, les astronautes ont bien mérité le titre et la fonction d'envoyés de l'humanité. Pourtant ce rêve, surtout après les catastrophes des navettes Challenger et Columbia, doit être confronté à la réalité : depuis le début des vols habités, plus de cinq cents hommes et femmes sont allés dans l'espace, mais vingt-deux ont accidentellement péri, durant une mission ou au cours de leur entraînement ; un chiffre qui est loin d'être négligeable. Dès lors, il n'est pas étonnant que l'opinion publique s'interroge sur l'opportunité de poursuivre une entreprise, une aventure, aussi risquée, aussi coûteuse humainement que celle des vols spatiaux habités. L'exploration spatiale n'excèderait-elle pas les limites de l'acceptable en matière de risque ?

L'homme, affirme François Ewald, serait un animal voué au risque ; mais est-ce là une singularité humaine ? Le simple fait d'exister n'est-il pas à l'origine de la plupart des risques que tout être vivant encourt ?

Ce sont là des risques naturels dont même les progrès de la science n'offriront jamais qu'une maîtrise partielle ou temporaire, des risques pour lesquels seuls le destin, le hasard biologique, la fatalité ou Dieu peuvent être assignés à comparaître. En revanche, l'accident technologique, industriel, militaire, la faute professionnelle appartiennent à la sphère culturelle ; le sort de l'homme y relève « de son inaptitude à maîtriser tous les éléments des systèmes qu'il construit, de sa hâte à appliquer à grande échelle des solutions ou des produits qui ne sont pas éprouvés, de sa défaillance, de son inconscience, de sa violence ou de sa déraison, etc. » (Jean-Jacques Salomon). Alors, effectivement, en ce sens et compte tenu du rôle joué, de la place occupée par la technologie, l'être humain est un animal singulièrement voué au risque.

Notre époque vit une étrange relation avec la notion de risque. D'un côté, nous exigeons de la part des institutions publiques et gouvernementales, du moins dans les sociétés dites occidentales, une gestion et un contrôle croissants des risques auxquels les individus et les groupes sont constamment et inévitablement soumis. D'un autre côté, nous sommes prêts à choisir des attitudes, à entreprendre des activités à hauts risques ; pensons aussi bien à l'usage des drogues qu'à la pratique des sports dits extrêmes. Étrange relation qui peut devenir paradoxale et même conflictuelle, lorsque l'individu engagé en toute connaissance de cause dans une activité à hauts risques attend et même exige de la société une aide pour le tirer du mauvais pas où il s'est volontairement engagé. Ainsi connaissons-nous en Europe de vifs débats autour de la pratique des sports en montagne et du financement des secours auxquels leurs adeptes peuvent avoir recours. Délicate, la question relève du rapport entre la sphère privée et la sphère publique. Ce rapport ne saurait être fixé une fois pour toutes, en particulier par l'appareil législatif. Surtout lorsqu'il s'agit d'aborder des terres inconnues, d'acquérir de nouvelles connaissances, bref d'explorer.

Le risque, cette « peur du mal » comme le définissaient les savants et philosophes du XVIIe siècle qui en introduisirent la notion, est proportionnel à la fois à la gravité d'un danger et à sa possibilité d'advenir. Toute décision à son égard relève à la fois de l'objective probabilité de son occurrence et de la subjective opportunité de s'y soumettre. Liée à la fin de la conception d'un monde entièrement contrôlé par les divinités ou par le destin, liée aussi à l'introduction moderne des calculs statistiques, la notion de risque a pourtant été longtemps ignorée par les ingénieurs ou feinte de l'être. Le culte du risque zéro, de l'absence de défaillance a longtemps sévi, au nom du seul objectif à atteindre, du seul succès à planifier. Penser à l'échec paraissait pour le moins inconvenant, une manière de gaspiller du temps et de l'énergie, un affaiblissement de l'idéologie du progrès et de la réussite. Après le film *Apollo XIII*, le mot habituellement, et sans doute faussement, attribué à Eugene F. Kranz, le célèbre directeur des vols de la NASA, « *Failure is an option* – L'échec n'est pas une option », ce mot est devenu le slogan d'une génération d'ingénieurs . . .

Les temps ont changé : ceux qui développent et exploitent aujourd'hui des lanceurs et des vaisseaux spatiaux reconnaissent désormais l'existence de risques qu'il convient de gérer, de réduire, sans pouvoir toutefois prétendre les écarter totalement. Ils doivent renoncer aux explications simples et déterministes des phénomènes, à l'idéal d'un savoir rationnel illimité, pour leur préférer une compréhension et une appréhension de la réalité sous le mode de la complexité, de l'enchevêtrement des facteurs, le plus souvent au moyen de calculs statistiques. Il n'est pas question de perdre le caractère volontariste qui appartient au métier de l'ingénieur, mais il convient de prendre en compte la complexification croissante tant des systèmes mis en œuvre que des sciences et des techniques en général. Ou plutôt de se tenir au croisement, à l'interface, à l'enchevêtrement du matériel, de l'organisationnel et de l'humain, là même où paraissent s'évanouir à la fois les compétences prétendues et les responsabilités supposées. Bien étrange alchimie car, désormais, un objet, une technologie, une opération, un traitement sont souvent déclarés sûrs, dès lors que leurs risques attachés sont connus et jugés acceptables par leurs utilisateurs. Voilà pourquoi l'on craint davantage les accidents d'avion que les accidents de la route. Suffit-il alors d'invoquer le consentement éclairé ou informé pour conjurer la peur du mal ? Pas nécessairement, car la connaissance peut encore générer d'autres craintes. Dilemme sans solution ni issue apparente, sinon celle du recours à la seule posture vraiment responsable, celle qui repose sur l'intime conviction et, conjointement, le double refus obstiné de la fatalité et du scandaleux « Après moi, le déluge ! »

Il faudra ce courage, ce sens du prix à payer et de la dignité à défendre, lorsque, demain peut-être, les astronautes rencontreront de nouveaux dangers, de nouveaux risques, de nouveaux sacrifices. Seront-ils disposés à les accepter, à les prendre ? Le serons-nous avec eux ?

8
Héroïsme ou suicide ?

Mars One, le projet lancé par Bas Lansdorp qui vise l'installation d'une colonie humaine sur la planète Mars dès 2024, n'a pas manqué de susciter des réactions variées et de faire la une de nombreux médias. L'ingénieur néerlandais qui en est le concepteur prétend en effet qu'une mission spatiale habitée vers Mars est réalisable dans un avenir très proche, alors que les agences spatiales en repoussent régulièrement la réalisation, pour des raisons tant de coût que de faisabilité technique. Discutables et disputées, les solutions avancées par Lansdorp suscitent bien des critiques, en particulier le mode de financement (grâce à une exploitation médiatique de l'expédition, sur le modèle de la télé réalité) et le sort réservé aux équipages.

Le succès de *Mars One* réside peut-être dans l'ambiguïté du nom donné à ce programme ; une ambiguïté qui assurerait une bonne partie de son succès médiatique. En effet, comment convient-il d'interpréter le nom même de ce projet ? Faut-il s'en tenir à la présentation du site qui est associé à ce nom ? Autrement dit, le projet de la première mission humaine sur la planète rouge, une mission qui n'aurait pas pour seul objectif d'explorer, mais, d'emblée, d'installer une base de vie pour un équipage de quatre Terriens dès 2024, rejoints deux ans plus tard par un second équipage venu de la Terre. Dans ce cas, Mars One désignerait la première colonie martienne. Ou bien Mars One serait-il une forme abrégée de Mars One Way, autrement dit Mars aller simple ? Car, les initiateurs du projet ne le cachent pas, rien n'est prévu pour un retour sur Terre, pas même le temps de congés en Terre-patrie, pourtant bien mérités . . .

N'écartons pas le soupçon selon lequel cette seconde interprétation pourrait être à l'origine de l'intérêt, de l'engouement médiatique pour ce projet. C'est en effet la première fois qu'est proposé à des humains de quitter la Terre pour ne jamais y revenir : suicide ou sacrifice ? Une telle question n'avait jamais encore été posée. Lorsque le président Kennedy lança son pays dans la course à la Lune, au début des années 1960, il en précisa très clairement les conditions : que le premier Américain à fouler le sol sélène en revienne sain et sauf. À cette objection, ou, plus exactement, à ce rappel de l'esprit des premiers héros de l'espace, les défenseurs de Mars One peuvent raisonnablement répondre que leur projet consiste explicitement en une colonisation de Mars et non en son exploration ; autrement dit, le non-retour des équipages n'est pas un but, ni un moyen, ni même une conséquence, mais il appartient tout simplement à l'essence de la colonisation. Recevons cet argument, tout en regrettant l'erreur d'interprétation possible, peut-être entretenue, qui déclenche mais aussi fausse l'intérêt du public . . .

Mars One se proposerait donc d'établir la première colonisation de la planète rouge. L'histoire de notre espèce possède sans doute dans ses registres des exemples analogues d'une colonisation non précédée par une exploration, même sommaire, d'un territoire jusque là inconnu ; or Mars reste aujourd'hui encore en grande partie inconnue, malgré le succès de plusieurs missions, sur le sol ou en orbite martienne. Dès lors nous devons nous demander si nous possédons des connaissances suffisantes sur cette planète : suffisamment pour installer une colonie humaine qui ne se résume pas à une sorte de sous-marin ou de station orbitale échouée à la surface de Mars ; suffisamment aussi pour que les multiples opérations prévues par le projet Mars One n'aient pas des conséquences catastrophiques et irréversibles sur l'environnement martien. Les mesures draconiennes de stérilisation des robots qui se posent sur la planète rouge invitent à penser le contraire. Avant qu'un humain puisse faire le moindre pas à la surface de Mars, l'humanité devra probablement faire un bien plus grand en matière de connaissances technoscientifiques et de protection planétaire. Sans oublier qu'au regard du droit spatial, Mars appartient au patrimoine commun de l'humanité ; autrement dit, aucun humain ne peut prétendre y faire n'importe quoi : chacun d'entre nous possède sur cette planète des droits, mais aussi des devoirs.

Venons-en aux opérations de sélection en cours. Se porter candidat pour le programme Mars One, avoir été sélectionné, c'est évidemment l'occasion rêvée de faire parler de soi. Voilà ce que pensent et disent de nombreux détracteurs du projet, non sans ajouter : à risque nul, puisque, selon la plupart des spécialistes, les techniques aujourd'hui prévues par les fondateurs de Mars One ne sont pas encore au point et ne le seront pas dans les limites du calendrier annoncé. Qu'il suffise de penser à la proposition de vols suborbitaux touristiques : le prototype SpaceShipOne a volé pour la première fois en 2004, mais la date du premier vol commercial n'est toujours pas connue, surtout après l'accident de l'avion SpaceShipTwo, le 31 octobre 2014 . . . Même si les technologies de Mars One sont supposées se trouver déjà « sur les étagères » des industriels, des retards peuvent honnêtement être envisagés, voire des reports *sine die*. Mais ne gâchons pas le plaisir de ces potentiels colons martiens. N'avons-nous pas besoin de rêver, de nous enthousiasmer ? Depuis la révolution copernicienne, l'espace n'a plus seulement attiré les belles âmes, les esprits mystiques ; il s'est désormais ouvert aux curieux, aux explorateurs. Il a contribué à tisser quelques brins, quelques pièces de l'étoffe des héros du XXe siècle ; pourquoi ne continuerait-il pas à le faire au XXIe siècle, même si ces sélectionnés devraient un jour, contrairement à leur attente ou à la promesse qui leur a été faite, . . . revenir sur Terre. Que deviendrait notre humanité si elle venait à mépriser le rêve, à ne plus marcher à l'étoile ? Nous bâtissons et entretenons sur notre planète des paradis artificiels bien plus dangereux que ceux promis par Mars One.

Un dernier point. Non plus : Mars One ; mais : *Press one, press two* . . . La téléréalité ne devrait pas seulement financer le projet martien, mais également inspirer la sélection finale du premier équipage à quitter la Terre. Soit. Je laisse à chacun d'entre nous le soin d'imaginer le scénario suivant : quel serait votre sentiment si l'équipage pour lequel vous avez voté venait à périr au cours du voyage vers Mars ou des premières semaines suivant l'arrivée ? Êtes-vous prêts à partager une forme de responsabilité ? Avez-vous l'âme d'un Korolev ou d'un von Braun, au moment de choisir Gagarine, Armstrong et Aldrin ? Décidément, même ludique, l'espace demeure terriblement, tragiquement humain.

9
Le concept d' « envoyé de l'humanité » a-t-il un avenir ?

Londres, Moscou, Washington, 27 janvier 1967 : signature du Traité de l'espace. À l'article 5, on peut lire : « Les États parties au Traité considéreront les astronautes comme des envoyés de l'humanité dans l'espace extra-atmosphérique et leur prêteront toute l'assistance possible en cas d'accident, de détresse ou d'atterrissage forcé sur le territoire d'un autre État partie au Traité ou d'amerrissage en haute mer[1] . . . »

Envoyer : son étymologie est loin d'être anodine. L'expression latine introduit *de facto* les images du chemin (*in via*) et de la marche (*inviare*), autrement dit l'espace et le temps, le commencement et l'arrêt, le cheminement et le but, mais aussi l'aller et le retour. Rien d'anodin, parce qu'il ne saurait y avoir d'envoi sans tout cela et tant d'autres choses qui appartiennent sinon au propre, du moins à l'identité de l'espèce humaine. L'abeille qui part à la recherche d'une fleur est-elle envoyée par sa ruche ? L'oiseau qui chasse des insectes est-il envoyé par sa progéniture à nourrir ? En ont-ils l'un et l'autre conscience ? Qu'importe au fond la réponse ; de l'homme qui part pour l'espace, les Nations unies ont tenu à faire un envoyé, mieux encore : un envoyé de l'humanité. Pour la première fois dans l'histoire de notre espèce, une personne physique reçoit la mission de représenter de l'humanité tout entière. C'est là une manière de mettre en œuvre ce que le Traité de 1967 introduit dans son premier article : « L'exploration et l'utilisation de l'espace extra-atmosphérique, y compris la Lune et les autres corps célestes, doivent se faire pour le bien et dans l'intérêt de tous les pays,

---

1. *Traité sur les principes régissant les activités des États en matière d'exploration et d'utilisation de l'espace extra-atmosphérique, y compris la Lune et les autres corps célestes*, article 5, alinéa 1.

quel que soit le stade de leur développement économique ou scientifique ; elles sont l'apanage de l'humanité tout entière[2]. »

Qu'entendre par « apanage » ? En France, au temps de la royauté, l'apanage désignait la portion du domaine royal qui était accordée aux cadets de la famille royale en compensation de leur exclusion de la couronne ; depuis la fin de cette époque, le terme désigne plus largement un bien, un patrimoine, avec une nuance, une touche élitiste. Le recours à la notion d'apanage par le droit spatial est intéressant. D'une part, l'apanage offre à l'humanité une juste place : ni celle de la domination (l'homme n'est pas le roi de l'univers), ni celle de la soumission (il n'en est pas moins héritier). D'autre part, ce qu'il lui revient n'est pas d'abord un territoire, mais une mission : celle d'explorer et d'utiliser cet espace extra-atmosphérique, dans son propre intérêt et dans celui des générations futures. Déclarés envoyés de l'humanité, les astronautes n'ont dès lors pas d'autre mission que de prendre au sérieux et de mettre en œuvre cet apanage, non seulement pour le bien et dans l'intérêt des puissances spatiales, mais de l'humanité tout entière. Presque cinquante ans après l'élaboration et la signature de ces textes juridiques, les astronautes et ceux qui sont en charge des activités spatiales sont-ils parvenus à les mettre en pratique ? Les astronautes sont-ils véritablement perçus comme envoyés par l'humanité ?

Partons d'un constat : il paraît difficile de s'opposer aux forces et aux habitudes nationalistes ! Il suffit de regarder les insignes portés par ces envoyés de l'humanité : leur nationalité ne manque jamais d'être affichée ; sans même parler des six drapeaux américains qui ont « flotté » à la surface de la Lune. Les astronautes sont bien envoyés par l'humanité, mais grâce à l'argent de contribuables nationaux explicitement identifiés ! Pouvons-nous imaginer que Neil Armstrong plante devant le LEM le drapeau de la Terre ou simplement des Nations unies, alors même que son extraordinaire aventure « doit » tant à la guerre froide et à un effort financier colossal de la part des États-Unis ? Comment exiger davantage d'un domaine où les enjeux stratégiques et économiques sont loin d'être négligeables . . . alors que les Jeux olympiques eux-mêmes sont l'occasion d'affrontements, certes sportifs, entre les nations de la Terre, drapeaux et hymnes nationaux en tête ?

---

2. *Ibid.*, article 1, alinéa 1.

Plutôt que de se lamenter devant la persistance des nationalismes et des particularismes au sein même de l'espace, mieux vaut constater que les missions de ces astronautes et leurs témoignages ont véritablement contribué à une prise de conscience renouvelée de l'humanité par elle. À propos de la Terre, plutôt que de parler de berceau, les astronautes préfèrent évoquer le vaisseau dont l'humanité a désormais la responsabilité. Serge Brunier n'a pas tort de faire remarquer que « les plus beaux ouvrages présentant la Terre photographiée depuis l'espace par des astronautes et des satellites n'ont jamais dépassé un tirage de l'ordre de 100 000 exemplaires. Pour comparaison, le livre *La Terre vue du Ciel*, publié par les Éditions de La Martinière, que le photographe Yann Arthus-Bertrand a réalisé depuis un hélicoptère et présentant des images de notre planète prises à moins de 1 000 mètres d'altitude, s'est vendu à plus de 3 millions d'exemplaires dans plus de 20 langues[3]. » Mais, à défaut d'un album photographique, que dire des vues de la Terre ramenées par les astronautes des missions Apollo ? Depuis quarante ans, leur succès n'a pas été démenti et leur influence sur la prise de conscience environnementale contemporaine paraît évidente[4]. Les envoyés de l'humanité y ont largement contribués[5].

Pour autant, il est inutile de feindre l'ignorer : l'évolution des tâches confiées à l'astronaute a plutôt terni son titre d'envoyé de l'humanité. À leur propos, un expert constate dès 1982 : « l'essentiel de la conquête de l'espace c'est, aujourd'hui, une triple bataille commerciale, politique et stratégique. Le soldat, le commerçant, l'investisseur ont pris la place de l'explorateur. » Et Gabriel Lafferranderie précise : « L'astronaute n'est plus seulement pilote, il est homme de science, astronome, médecin, ingénieur, journaliste, il sera jardinier, mineur, un jour commerçant. Il participe à la réalisation d'expériences industrielles. 'Homme à tout faire', il vit dans un espace restreint, observé, écouté en permanence par le sol qui lui enverra ses instructions de travail, qui le réveillera ou lui demandera de dormir, de pratiquer des exercices physiques, ou de se soumettre à des expériences médicales, d'accomplir dans l'espace des gestes à l'opposé de ceux qui lui

---

3. Brunier, Serge. *Impasse de l'espace*, p. 192.
4. Cf. Cosgrove, Denis. *Apollo's Eye. A cartographic genealogy of the earth in the Western imagination*, Baltimore & London, Johns Hopkins University Press, 2001.
5. Cf. Haigneré, Jean-Pierre & Arnould, Jacques, *Chevaucheur des nuées*, Paris, Solar, 2001.

sont naturels[6]. » Homme-à-tout-faire ? L'expression peut surprendre ; l'analyse n'en est pas moins exacte et la question évidente : que peut-il y avoir de commun entre un envoyé de l'humanité, estampillé ONU, et un astronaute-à-tout-faire ou même un touriste de l'espace qui n'est en fin de compte envoyé que par lui-même, quelques mécènes ou une société de production télévisuelle ?

Les astronautes européens sont conscients de cette évolution et de cette interrogation, lorsqu'ils rédigent leur charte, au cours de l'été 2001. La vision, la mission et les valeurs dont ils se dotent s'inspirent directement des principaux fondements de l'entreprise spatiale, tels qu'ils apparaissent dans les textes déjà cités ici. Conscients de s'inscrire dans un processus culturel et historique, soucieux d'œuvrer pour le bien de l'humanité, ils prennent soin de souligner le risque associé à cette mission, l'audace qu'elle exige, en même temps que la sagesse[7]. Cette charte a servi de base à une réflexion sur les enjeux éthiques d'une possible commercialisation des activités menées par les astronautes européens ; une telle perspective ne met-elle pas en cause le statut qui leur est jusqu'à présent donné, l'image qu'ils veulent offrir au public, celle que le public attend d'eux ? Il ne suffit pas d'installer un comité d'éthique chargé d'évaluer la qualité et l'opportunité des propositions de *sponsoring* ou de rémunération ; il faut aussi se demander à quel moment le respect d'un statut offert par le droit se transforme en réaction conservatrice et en frein pour imaginer et prévoir l'avenir. Autrement dit pour explorer.

---

6. Lafferranderie, Gabriel. « Espace juridique et juridiction de l'espace », dans Esterle, Alain (dir.), *L'Homme dans l'espace*, Paris, P.U.F., 1993, p. 255.
7. Les initiales des cinq valeurs retenues par cette charte forment le mot *SPACE* : *Sapientia*, *Populus*, *Audacia*, *Cultura* et *Exploratio*.

10
Avatars

Versus : c'est le mot qui vient à l'esprit lorsque nous nous mettons à réfléchir aux modalités envisageables pour mettre en œuvre la propension humaine à explorer. *Versus* parce que, trop souvent, ces modalités sont présentées comme concurrentes, comme exclusives l'une vis-à-vis de l'autre. L'humain *versus* l'animal, l'humain *versus* le robot : à la manière des affaires juridiques qui, aux États-Unis, sont étiquetées à l'aide de ce terme latin ou d'une de ces abréviations (*v* ou *v.*, *vs* ou *vs.*), l'alternative prend le plus souvent l'allure conflictuelle d'un face-à-face, d'une altercation entre les partisans de chacune de ces trois possibilités.

Le recours au modèle animal en biologie est devenu courant depuis les travaux de Claude Bernard, l'inventeur de la méthode expérimentale en médecine. De nombreux processus physiologiques sont en effet communs à l'homme et à l'animal. Le domaine spatial n'a pas dérogé à cette pratique : dès les premières étapes de l'aventure spatiale, l'animal a tenu la place de l'être humain. La chienne Laïka a précédé Youri Gagarine et les chimpanzés Ham et Enos ont devancé Alan Shepard lors des premiers vols spatiaux ; il s'agissait alors de mieux connaître les modifications physiologiques et même les conséquences pathologiques, qui affectent le pouls, la respiration, les pressions artérielles et veineuses, sous l'effet de l'accélération, de l'altitude ou de la microgravité. Au total, plus de trente-cinq espèces animales ont été envoyées, dans l'espace, depuis le début des années 1960.

Les arguments en faveur de l'usage du modèle animal ne manquent pas. Ceux d'ordre éthique tiennent compte avant tout des limites d'ordre moral à l'investigation et l'exploration chez la personne humaine. Des biopsies, des destructions fonctionnelles, la mise en place de capteurs dans la structure profonde de l'organisme ne sont envisageables que chez l'animal, conformément à la législation en vigueur. De plus, les perspectives expérimentales sur l'être humain se trouvent réduites par l'éloignement de toute possibilité thérapeutique en cas d'incident au cours de l'expérimentation. Selon la réglementation en vigueur, l'expérimentation *in vivo* sur l'animal est elle-même limitée aux cas de stricte nécessité. Trois règles apparaissent de toute manière impérative : le protocole expérimental est compatible avec les exigences sanitaires, la méthodologie opératoire est peu traumatisante, l'examen clinique est quotidien.

Les arguments d'ordre scientifique concernent plus particulièrement les conditions de l'expérimentation : la population de modèles comme leur environnement doivent être le plus homogène possible. Or, les astronautes sont eux-mêmes issus d'une population hétérogène (conditions physiques et nutritionnelles, condition psychologique, niveau d'entraînement, degré de familiarisation avec le milieu spatial, charge de travail) ; il paraît donc malaisé de comparer la qualité du lot, si je puis m'exprimer ainsi, qu'ils pourraient constituer à celle d'une population d'animaux de laboratoire précisément sélectionnés pour leur homogénéité et maintenus dans des conditions contrôlées en permanence.

Les arguments d'ordre opérationnel ou méthodologique tiennent avant tout à la disponibilité partielle des membres des équipages, à l'égard des expériences, sans compter leur maigre effectif ; les essais ne peuvent pas être multipliés avant, pendant, ni après le vol. Le modèle animal permet au contraire de multiplier les essais, y compris sur des sujets expérimentaux proches de ceux qui ont participé au vol. Doivent être toutefois évoqués les inconvénients, liés à l'usage dans l'espace de modèles animaux : les désagréments possibles en cas de mauvaise étanchéité des modules de maintenance, pour les vols où humains et animaux cohabitent ; les contraintes liées à l'alimentation ; la récupération des urines et des fèces ; la sensibilité au stress.

Plusieurs controverses ont eu lieu à propos du recours au modèle animal dans les programmes de biologie spatiale ; apparemment, les arguments habituels ne suffisent plus pour répondre sinon aux malaises, du moins aux doutes, apparus au sein de l'opinion publique. Début 1999, la revue *Space News* a ainsi publié un article de A. R. Hogan et de N. D. Barnard, en faveur d'un plus grand respect de nos *terrestrial relatives* (l'expression est anglo-saxonne et désigne désormais les espèces animales). Les deux auteurs mentionnent les déboires de la mission BION 11, en 1996, et la mort du singe Multik, les surprises de la mission Neurolab, en 1998, avec une forte mortalité enregistrée chez les rats embarqués. Ils citent les regrets d'Oleg Gazenko, l'ancien responsable des programmes soviétiques d'expérimentation animale dans l'espace. Quelques semaines plus tard, le même Gazenko précisait que, sans revenir sur ses regrets (« Nous n'avons pas assez appris de cette mission pour justifier la mort de la chienne Laïka »), il n'en considérait pas moins comme décisive la contribution apportée par l'expérimentation animale aux progrès des connaissances en physiologie, à la fois exigés et permis par le développement des techniques spatiales. L'espace n'échappe donc pas au paradoxe souvent constaté dans nos sociétés occidentales : l'expérimentation menée sur l'animal paraît susciter plus facilement des doutes, des réticences, des oppositions, que celle menée sur l'humain ! L'explication réside-t-elle effectivement et uniquement dans la conscience dont l'être humain est pourvu, contrairement à ses compagnons terrestres ? Le débat se réduit-il à la question lue, il y a plusieurs années, sur une page d'*Internet* : « Planter un drapeau sur la Lune ou sur Mars, cela vaut-il la vie d'un chien ou d'un singe ? » Quoiqu'il en soit, le recours à l'animal pour des expérimentations dans l'espace a été l'objet de discussion au sein de l'ESA : au printemps 1999, un accord autorisant l'emploi d'animaux de laboratoire dans l'espace a été conclu entre tous les partenaires, hormis la Suède. Toutefois, plusieurs voix se sont encore élevées en faveur de la mise en place d'un comité chargé d'élaborer les règles éthiques en matière d'expérimentation animale.

Trois statuts peuvent être *a priori* conférés à l'animal de l'espace, celui de cobaye, celui de remplaçant et celui de bouc émissaire. Le statut de cobaye ne demande pas *a priori* de commentaires particuliers : en première instance, il est comparable à celui des animaux employés par les laboratoires de la planète Terre et pose globalement les mêmes questions ; en tout premier lieu, celle de la nécessité de pratiquer un tel recours. En revanche, une des questions, la seule peut-être, qui mérite d'être retenue comme étant spécifique à l'espace concerne la possibilité de contrôler le bien-être de ces animaux : il semble difficile d'envoyer des inspecteurs du travail ou de la santé pour contrôler les pratiques scientifiques dans les vaisseaux et les stations spatiales, qui plus est de manière imprévue et discrète. Cette remarque concerne d'ailleurs aussi l'application des lois et des réglementations visant les expérimentations sur l'homme.

Le statut de remplaçant ou de substitut, appartient plus spécifiquement à l'espace. Je désigne par cette expression les animaux qui prennent place à bord d'engins spatiaux pour en tester la fiabilité, avant d'y installer des êtres humains. L'ex-URSS, les USA mais aussi la Chine ont ainsi envoyé dans l'espace des animaux, afin de préparer leurs futures missions habitées. Il ne s'agit pas à proprement parler de « doublures » (une expression utilisée dans le domaine des vols habités), puisque celles-ci sont destinées à remplacer un être humain défaillant et non à le précéder. Pour autant, à regarder les photographies de Laïka ou de Ham, il faut bien constater que l'animal prend littéralement la place du cosmonaute ou de l'astronaute. À la vue des casques, combinaisons et harnachements dont sont revêtus ces animaux, comment ne pas parler d'un simulacre ? Ou mieux encore, pour introduire le troisième statut, d'un émissaire ?

Relevaient de ce statut les chiens « soviétiques » et les singes « américains » qui ont précédé les premiers vols humains dans l'espace. Le terme n'est pas exagéré : quelque chose de l'espace continue à nous échapper, qui appartient à un monde qui n'est pas le nôtre, qui nous attire en même qu'il nous effraie. Y toucher, y pénétrer ne peuvent se faire sans précaution : tel est bien le sens du sacrifice. Pour le dire en d'autres termes, l'inconnu, l'étrange, l'étranger, bref tout ce qu'est encore pour nous une grande partie de l'espace, demande à être apprivoisé, en même temps que nous devons nous-mêmes être apprivoisés par l'espace. Cela exige du temps et, éventuellement, un intermédiaire, celui-là même que désigne le terme de (bouc) émissaire dans le langage sacrificiel : celui qui est envoyé en avant et à la place. Telle est bien la fonction (la mission !) confiée jadis aux animaux de l'espace ; ne pourrait-elle pas l'être à nouveau dans le futur ? D'ici à ce que le premier touriste arrive sur Mars, il faudra non seulement du temps et des performances technologiques, mais aussi de nombreuses missions d'exploration, habitées par des êtres vivants, non humains d'abord, puis humains. De nouveaux envoyés. Mais sommes-nous prêts à considérer des animaux comme des émissaires, des envoyés de l'humanité ?

En guise d'illustration, il faut relire les pages que l'écrivain-journaliste Tom Wolfe a consacrées, dans son célèbre ouvrage *The Right*

Stuff – L'étoffe des héros, à la manière dont les pilotes d'essai américains considéraient leurs collègues sélectionnés pour le programme spatial Mercury :

« - En réalité, dit Yeager [le premier aviateur à avoir franchi le mur du son et qui n'appartient pas au groupe des premiers astronautes américains], le système Mercury est entièrement automatisé. Une fois qu'on vous a installé dans la capsule, vous n'avez plus rien à dire ni à faire.

- Quoi ?

- En vérité, dit Yeager, c'est un singe qui va effectuer le premier vol.

- Un singe ?

Les journalistes furent profondément choqués. C'était vrai que l'on avait prévu d'envoyer des singes dans des vols suborbitaux et orbitaux identiques à ceux des astronautes, avant de risquer des vies humaines. Mais le dire comme ça ! . . . Si ce n'était pas un sacrilège national, qu'est-ce que c'était, nom de Dieu[1] ! »

Yeager parle de sacrilège, celui de rabaisser le pilote au rang de l'animal ; la philosophe Florence Burgat préfère parler de dénégation : les mises en scènes et les représentations photographiques des animaux de l'espace tenteraient de nier l'animalité de la chienne ou du chimpanzé de l'espace, pour les hausser au niveau du quasi-humain[2]. Sans doute est-il convenable de se demander si « planter un drapeau sur la Lune ou sur Mars, vaut la vie d'un chien ou d'un singe » ; mais, entre la (dé)négation de l'homme et la (sur)valorisation de l'animal, sommes-nous obligés de choisir ? Une voie médiane consiste, me semble-t-il, à mettre en avant le caractère d'émissaire qu'il est possible de conférer à l'animal : sans être pour autant ni nécessairement sacrifié (un destin que laisse augurer le statut de « bouc émissaire »), l'animal peut être envoyé à la place des astronautes humains. En juin 1998, Buzz Aldrin rappelait que lui et ses collègues avaient « une énorme dette à l'égard des chimpanzés de l'espace ». Et il ajoutait : « Il est temps maintenant d'acquitter cette dette en offrant à ces vétérans la retraite paisible qu'ils méritent » ; il était alors question de recueillir les fonds nécessaires à l'installation de ces chimpanzés dans un parc du Texas, sous la protection d'une organisation spécialisée. Je n'ai pas

1. Wolfe, Tom. *L'Etoffe des Héros*, Paris, NRF-Gallimard, 1982, p. 118.
2. Burgat, Florence. *Animal, mon prochain*, Paris, Editions Odile Jacob, 1997, p. 149.

entendu que ce projet ait abouti, mais il illustre du moins comment il est possible, avant même d'élaborer un droit des animaux (ceux de l'espace ou ceux de la Terre), de penser aux devoirs des humains à leur égard.

Si demain l'espace a de nouveau besoin de recourir aux animaux, ce sera nécessairement pour explorer de nouveaux domaines, franchir de nouvelles frontières. En particulier celles posées par la durée : quelles techniques élaborer pour assurer des missions de plusieurs dizaines de mois, en état d'impesanteur, sous de fortes radiations cosmiques ? De fait, je n'ai vu nulle part évoquer la possibilité de faire précéder les premières missions humaines vers et sur Mars par des missions où seraient embarqués des animaux. Mais si c'était ou lorsque ce sera le cas, je crois que nous serons à même de mieux réfléchir au sens donné à cette entreprise qui ne peut trouver sa justification dans le seul consentement libre et éclairé d'un équipage d'astronautes et dans le génie de scientifiques et d'ingénieurs. Pour le dire autrement, le recours à l'animal, qu'il soit considéré comme un émissaire, un substitut ou un remplaçant de la personne humaine, introduit nécessairement un questionnement et une décision éthiques qui ne peuvent être traités par la seule communauté spatiale : décider d'envoyer un vivant dans l'espace relève, je crois, de la sphère de compétence et de responsabilité d'une société tout entière et non d'un groupe de spécialistes. En effet, si les intérêts scientifiques et techniques d'une telle opération sont réels et souvent immédiats, la dette à l'égard des remplaçants de l'humanité engage cette dernière. Cette dette invite à poser avec plus d'urgence et de précision la question de la finalité des programmes d'exploration spatiale qui mettent en jeu des vies, humaines ou non.

Tant qu'il garde les allures et les fonctions d'un appareil ménager ou même celles d'une sonde interplanétaire, le robot ne suscite chez les humains *a priori* aucune crainte, mais plutôt de la fierté lorsqu'un exemplaire du second genre aborde et franchit, comme Voyager 1, les confins du système solaire après un périple de plus de trente-cinq ans : n'est-ce pas un pur produit issu de l'intelligence, sorti du cerveau et des mains de l'homme, qui va là où ce dernier n'a pas encore mis le pied ? Mais les penseurs n'ont pas attendu l'invention des premiers automates, des premières machines capables de s'autoréguler pour se demander si, à terme, le robot ne risquait pas de prendre la place des humains non seulement dans l'accomplissement des tâches les plus serviles (ce dont personne n'aurait à se plaindre) mais aussi de celles, plus nobles et plus humaines, de celles qui allient la capacité d'observation et d'analyse, la conscience d'une mission à accomplir ou d'un but à atteindre, le pouvoir de choisir la meilleure manière de le faire, etc. Ce qui, il y a quelques décennies, appartenait encore au champ de la science-fiction appartient désormais à l'actualité technologique, aux pratiques les plus quotidiennes.

L'espace a d'autant moins échappé à cette évolution que ses techniques reposent en grande partie sur ce recours et cette maîtrise des robots. En 1783, les frères Montgolfier firent monter dans l'un de leurs premiers aérostats trois animaux pour marquer ainsi le début de la conquête de l'air, y précédant de quelques mois Pilâtre de Rozier ; mais en 1957, un *spoutnik*, un compagnon artificiel de l'humanité, fut chargé d'ouvrir les portes de l'espace, avant même la chienne Laïka et le cosmonaute Gagarine. Depuis cette date, le dilemme homme *versus* robot n'a pas cessé d'occuper ou de revenir sur le devant de la scène spatiale, aucun des deux camps ne s'étant jamais trouvé déserté ou à court d'arguments. En France, l'on se souvient d'un débat à ce sujet, au cours duquel un membre de l'Académie des sciences expliquait comment, grâce au progrès des technologies en matière d'intelligence artificielle, les robots pourraient bientôt remplacer intégralement les humains pour accomplir toutes les missions spatiales. Un cosmonaute lui rétorqua : « Alors, ce jour-là, les académiciens seront-ils eux aussi remplacés par des robots ? » Vingt-cinq ans auparavant, un astronaute du programme Apollo avait regretté qu'un poète n'occupe pas sa place pour dire, mieux que lui, l'extraordinaire beauté du spectacle de la Lune . . . tout en reconnaissant que le succès de la mission aurait sans doute été compromis !

Quoi qu'il en soit des progrès accomplis depuis la fin des années 1960 par les scientifiques et les ingénieurs, aucun d'entre eux n'ose nous promettre la mise au point d'un robot poète ; en revanche, ceux qu'ils mettent au service des astronautes, par exemple à bord de la station spatiale internationale, ne sont plus loin d'atteindre les prouesses de leur ancêtre HAL imaginé par Arthur C. Clarke pour *2001, l'odyssée de l'espace*. Si nous y ajoutons les capacités des drones qui non seulement surveillent les cités et les champs de bataille, mais y emportent des armes, celles des *rovers* qui sillonnent la surface de Mars et gèrent eux-mêmes leurs missions, celles enfin des descendants de *Spoutnik* qui poursuivent inlassablement leur ronde circumterrestre, comment ne pas se demander s'il est encore bien nécessaire qu'il y ait un pilote dans l'avion, un humain dans le vaisseau spatial ou à bord du véhi-cule d'exploration : n'est-il suffisant qu'il soit confortablement installé derrière son écran, un *joystick* à la main ? Quitte à perdre un peu de poésie . . . et beaucoup du sens de ses responsabilités[3].

Je ne crois pas qu'il faille continuer à opposer l'homme et le robot : une telle attitude ne peut mener qu'à l'excès, dans les promesses comme dans les critiques. En revanche, il convient de s'interroger sérieusement sur les conséquences d'une coopération croissante entre les humains et leurs machines de plus en plus sophistiquées. Et, une fois encore, recourir à l'aide des œuvres de science-fiction. Parmi elles, le film *Avatar*, réalisé par James Cameron en 2009, ne traite pas seulement de la colonisation et de la conquête des « nou-veaux mondes », de l'exploitation abusive de ressources aux dépends des espèces vivantes et des milieux, du heurt entre les cultures et les civilisations ou bien encore des conflits entre opérations militaires et projets scientifiques. Il ne faudrait pas trop vite oublier le titre retenu et la réalité imaginaire qu'il désigne : *Avatar* ou, pour le dire avec les mots de Cameron lui-même, la capacité « d'insuffler l'intelligence d'un humain dans un corps situé à distance, un corps biologique ». Grâce à la technique de l'avatar, grâce à cet intermédiaire issu du génie génétique, des neurosciences et d'autres sciences . . . fiction, Cameron propose une solution à tous ceux dont la passion d'explorer (ou le projet de conquérir) se heurte aux limites de la condition humaine et de ses technologies, à l'inhospitalité des milieux terrestres et plus encore extraterrestres, aux contraintes d'espace et de temps. Et, si le réalisateur canadien a dû attendre plusieurs années pour que les techniques cinématographiques lui permettent de mettre à l'écran les paysages de Pandora et le personnage envoûtant de Neytiri (qui est bel et bien l'avatar virtuel d'une actrice en chair et en os), pourquoi ne pas rêver, estimer que, dans un avenir pas trop éloigné de nous, des avatars d'humains, non plus virtuels mais bien réels cette fois, pour-ront se lancer à la conquête de l'espace proche ou lointain, délivrés des contraintes de l'enveloppe charnelle propre aux humains.

Les capacités de tels avatars dépasseraient de loin celles des explorateurs robotiques actuels les plus perfectionnés, les plus agiles, les plus autonomes ; mais leur mise au point ne manquerait pas de

---

3.   Cf. Arnould, Jacques. *La Terre d'un clic. Du bon usage des satellites*, Paris, Odile Jacob, 2010.

poser, au-delà des défis scientifiques et techniques, de nombreuses questions philosophiques et éthiques. Lorsque « moi-même devient un autre », il est urgent de se demander « qui suis-je ? » ; les recherches actuelles en matière d'intelligence artificielle conduisent d'ailleurs déjà à s'interroger sur la place et l'importance à accorder au support biologique dans la possession de sentiments et l'exercice d'une conscience. La question de Walter Pons (le ciel nous est-il ouvert ?) et surtout l'invitation à se connaître soi-même qu'il fait à ses lecteurs des années 1960 retrouvent ainsi une nouvelle actualité dans la perspective, encore fictionnelle, d'avatars explorateurs.

À côté de ces questions portées à l'écran par *Avatar*, n'oublions pas celles, plus évidentes peut-être, qui relèvent de l'éthique de l'exploration, et peut-être aussi celle de l'innovation. Jusqu'à quel point la capacité scientifique, technique, politique, économique mais aussi le courage d'entreprendre et de réussir à explorer d'autres mondes que les nôtres nous donnent-ils un pouvoir sur eux, sur ce qui nous apparaît comme des ressources potentielles, sur les espèces et les milieux, les intelligences et les cultures que nous pourrions y découvrir ? Quels seraient nos droits et nos devoirs à leur égard ? S'ils n'estiment pas rencontrer prochainement les Navi's de Pandora ni découvrir de l'*unobtanium*, le minerai rare convoité par les humains dans le film de Cameron, les chercheurs en astrobiologie et les prospecteurs lunaires ne peuvent pas ignorer de telles questions. De nombreuses œuvres de fiction, comme *Rencontres du troisième type* réalisée par Steven Spielberg en 1977, nous ont appris comment le face-à-face avec un autre que nous-mêmes, avec un étranger, avec un *alien* ne manque jamais de nous bouleverser jusqu'à pouvoir nous convertir à une autre culture ou modifier profondément notre identité. Tel n'est pas le moindre des dangers, mais aussi la moindre des chances qu'offre toute véritable exploration.

11
Jet de dé

Jules César lui-même, dans ses *Commentaires sur la guerre civile*, n'en dit rien ; pourtant, Plutarque, Suétone et Appien lui prêtent le mot qui est ensuite entré dans la légende, dans la mémoire collective des latinistes et, pour finir, dans les pages roses du dictionnaire *Larousse* : « *Alea jacta est.* Le dé est jeté » C'était au moment de franchir le Rubicon, ce petit fleuve côtier à l'est de la plaine du Pô, dont le sénat romain, en ce milieu du dernier siècle avant l'ère chrétienne, avait fait une sorte de muraille symbolique : serait déclaré parricide et sacrilège quiconque le franchirait pour menacer Rome à la tête d'une armée, d'une légion ou d'une simple cohorte. César le savait ; sans doute hésita-t-il un instant avant de faire passer le Rubicon à ses troupes pour tenter de renverser Pompée et de prendre le pouvoir. Le saut n'était pas moins périlleux que celui de Léonov.

Sans s'interroger davantage sur la véracité historique de l'usage de cette formule lapidaire par le proconsul, il convient plutôt, en apprenant son origine grecque et le sens légèrement différent qu'elle lui confère (« Que le dé soit jeté ! »), de se demander quelle interprétation lui donner. L'homme qui parle ainsi s'abandonne-t-il au hasard, puisque ce mot trouve son étymologie dans le mot arabe qui désigne le même jeu de dés ? Autrement dit, se laisse-t-il emporter par le fleuve impétueux et indomptable des événements qui l'a mené jusqu'aux berges du Rubicon sans connaître l'issue de sa tentative militaire, sans espérer pouvoir en remonter le cours, ni même y échapper ? Ou bien l'ambitieux proconsul choisit-il de précipiter le déroulement de l'histoire, de prendre son existence en main, de courir le risque d'offenser les dieux et, plus prosaïquement et immédiatement sans doute, d'affronter le sénat de son plein gré ? Entre l'esprit religieux de cette époque et l'ambition personnelle, il n'est guère aisé de déterminer auquel des deux attribuer le destin (!) exceptionnel de César. Même la tâche de l'historien, celle de retracer le parcours historique d'un homme, d'une communauté, d'un pays, n'est pas exempte de choix à affronter, de Rubicon de la pensée à franchir.

Mais ne nous laissons pas impressionner ni surtout emporter par les flots de l'histoire, par les multiples cours qu'ils empruntent : le calme de l'étang qui se transforme parfois en monotonie et engendre l'acédie ; le remous du torrent qui fait craindre le naufrage. Osons plutôt, dans un mouvement qui peut ressembler à un acte de foi, octroyer à l'être humain une once, un jeu, un degré de liberté, peut-être limitée mais toutefois bien réelle. Cette liberté se niche, se cache, se blottit dans l'espace où s'engage la botte maladroite du cosmonaute ; dans l'instant où César hésite encore ; le balancement du corps ou celui de la volonté où rien n'est totalement engagé, où tout paraît possible ; dans l'atermoiement, en partie factice, entre le déjà et le pas encore ; dans le moment offert à l'une des plus nobles humaines qualités, dans l'opportunité à saisir.

Si nous acceptons de concéder aux êtres humains que nous sommes cette possibilité de choisir, alors des événements comme ceux ici évoqués, ces sauts, ces franchissements, ces explorations, prennent une teinte particulière que peine le plus souvent à décrire la mystérieuse alchimie de la liberté et de la volonté, du hasard et de la nécessité. Osons pourtant nous atteler à cette tâche, car elle conduit à décrire un élément essentiel de l'acte d'explorer. Pour ce faire, je propose de recourir à la définition du hasard, échafaudée par Antoine Cournot dans son *Exposition de la théorie des chances et des probabilités*, publiée en 1843. S'inspirant de la *Métaphysique* d'Aristote, il décrit donc le hasard comme « la combinaison ou la rencontre de phénomènes qui appartiennent à des séries indépendantes, dans l'ordre de la causalité, [. . .] ce qu'on nomme des événements fortuits ou des résultats du hasard. » Cette définition est exigeante : comment s'assurer que deux chaînes d'événements soient effectivement indépendantes l'une de l'autre ? L'opération n'est peut-être pas aussi simple qu'il y paraît au premier abord ; c'est d'ailleurs le fondement de l'expérience de pensée, imaginée par Albert Einstein et baptisée EPR, réalisée bien plus tard par Alain Aspect, qui s'interroge sur l'existence de liens qui peuvent exister entre des particules mais demeurent hors de notre expérience habituelle de la réalité. Nous vient sans doute encore à l'esprit une autre manière, tout aussi connue, d'approcher le hasard, celle à laquelle Henri Bergson a recours dans *Les deux sources de la morale et de la religion*, publié en 1932 : « Une énorme tuile, arrachée par le vent, tombe et assomme un passant. Nous dirons que c'est un hasard. Le dirions-nous si la tuile s'était brisée simplement sur le sol ? . . . Le hasard est donc le mécanisme se comportant comme s'il avait une intention. » Difficile de nier l'indépendance de deux séries : celle qui mène ce quidam en promenade et celle qui aboutit à la chute d'une tuile . . . à moins d'imaginer un scénario qui ferait de cette future victime le propriétaire d'un immeuble dont la toiture, en mauvais état, réclame les soins d'un couvreur, un scénario qui envisagerait l'impossibilité de joindre cet artisan alors que la tempête menace, qui imaginerait ensuite l'alarme du propriétaire, sa décision de sortir pour tenter de trouver quelqu'un susceptible de réparer son toit . . . avant d'être la victime d'une de ses propres tuiles. Laissons de côté une telle hypothèse, trop rocambolesque, pour nous attacher à la leçon de ces deux penseurs. Si nous nous en tenons au thème de cet essai, à l'exploration, au saut dans l'inconnu, nous pouvons *a priori* admettre une indépendance des séries d'événements, mais aussi des lieux qui constituent d'une part le monde de l'explorateur, d'autre part la terre inconnue. Si tel n'était pas le cas, si existait un lien, même ténu, entre eux, un lien dont nous exclurons toutefois celui de l'imagination, pourrions-nous encore parler d'exploration ? Il s'agirait plutôt d'un voyage de découverte, de redécouverte ou de simple agrément . . .

Dès lors, il convient de reconnaître, d'attendre et même d'exiger une forme de « fortune », de hasard dans l'entreprise d'explorer, si nous en conservons la définition proposée par Cournot : la rencontre de deux mondes indépendants l'un de l'autre. Et, ce faisant, il convient de débarrasser le hasard de la teinte, de la dimension chaotique et désordonnée qui lui est, à tort, souvent associée. Pensons au jeu évoqué par César sur les rives du Rubicon : un dé est un polyèdre mais seulement cubique et chacune de ses six faces est individualisée vis-à-vis des cinq autres. Autrement dit, un dé offre un jeu de possibles, sensiblement réduit, parmi lesquels un et un seul devient réalité ; c'est là une bonne manière de parler de contingence. En défiant Rome, César fait peut-être bel et bien un choix : il refuse la retraite et choisit l'affrontement ; il configure un nouvel espace de possibles, militaires et politiques, certes plus dangereux, mais aussi sans doute plus réduit et peut-être plus facile à appréhender. Le dé est jeté, mais, pourrions-nous avancer, c'est César qui le saisit et décide de le lancer.

De la même manière, l'explorateur n'abandonne rien au seul désordre : il fait son possible ou plutôt inscrit lui-même des possibles dans le jeu d'où surgira bientôt la réalité, une fois jeté le dé, advenue la rencontre de son propre monde avec celui encore inconnu. Il voit ce moment s'approcher, il reste aussi longtemps que possible le maître de l'avancée de ses porteurs, de sa caravane, de son vaisseau. Est-ce le moment favorable, le *kairos* comme le nommaient les Grecs ? L'explorateur hésite : il est temps encore de renoncer, de rester sur le versant, la rive, la terre familière et ferme . . . L'explorateur n'est pas une tuile qui, sous l'effet du vent, se décroche de la toiture, ni l'astéroïde qui, serti à son orbe, se rapproche inexorablement de la Terre : pour un instant encore, il est le maître du jeu, l'ordonnateur de la rencontre. Ses hommes et ses bêtes piétinent, tous fascinés par le vide de l'inconnu, par le lâcher prise final ; ses voiles sont tendues, ses moteurs grondent, ses instruments sont pointés. Mais lui résiste encore. Jamais il ne s'est senti aussi puissant, aussi grand, aussi maître de son existence. Jamais il n'a senti aussi proche l'haleine enivrante et puante de la folie. Donnera-t-il le signal ? Appuicra-t-il le bouton ? Fracassera-t-il l'ultime porte de bronze ? Ouvrira-t-il l'œil de son télescope ? Lancera-t-il le faisceau puissant des particules ? Est-ce trop tôt encore, est-ce trop tard déjà ? Jamais l'homme ne sera aussi seul, dans l'espace et le temps, qu'au moment d'affronter l'inconnu. Au moment du *kairos*.

12
Le cercle des vertus

The right stuff, « l'étoffe des héros ». Parce que l'exploration de l'espace exige des humains qu'ils acceptent d'affronter des risques hors du commun, parce qu'elle les soumet à une situation paradoxale, celle de mettre en œuvre des trésors d'intelligence et d'audace et de se trouver simultanément « écrasés » par les dimensions de l'univers qu'ils découvrent au fur et à mesure de leurs investigations, il ne fait aucun doute que cette entreprise touche, bouscule, ébranle ce que Tom Wolfe a judicieusement choisi de désigner par le terme de *stuff*, autrement dit le fondement, la raison même de la personne humaine. Il ne s'agit pas seulement de ce qui, de l'humain, en serait la matière la plus « brute » ; j'entends, par exemple, son patrimoine biologique car nous savons que celui-ci influence la manière dont chaque humain se comporte face aux aléas de l'existence, appréhende le risque, évite le danger ou au contraire le recherche. Il s'agit aussi de ce qui en serait le plus élaboré, le plus construit, le fruit de sa propre volonté et de son propre labeur, bref de ce que les philosophes ont convenu d'appeler la ou les vertus.

De la notion de vertu, il est difficile de se contenter d'une seule définition. Ceux qui ont lu Stendhal se souviennent peut-être de celle qu'il propose, ou plutôt de l'exemple qu'il en donne : « Quelques femmes vertueuses et tendres n'ont presque pas d'idée des plaisirs physiques; elles s'y sont rarement exposées, si l'on peut parler ainsi » (*De l'Amour*, 1822). La vertu dont parle ici Stendhal est celle qui se garde de toute exposition à quelque risque que ce soit ; elle est la parure d'êtres que personne ne pensera à confondre avec celles, et ceux aussi, que l'on dit de « petite vertu ». Pour rapprocher le terme de vertu du thème de l'exploration qui nous occupe, mieux vaut se référer à l'étymologie la plus courante de ce mot, celle qui fait référence à la virilité, à la vaillance, au courage, à l'énergie morale, sans qu'il faille en rester à la seule identité ou la seule particularité masculine. La philosophie, lorsqu'elle cherche à son tour à définir le concept de vertu, préfère parler d'une excellence de la personne humaine, d'une discipline de vie acquise par un soin et un exercice continus, afin de disposer les facultés naturelles, les forces émotionnelles et cognitives, en vue du bien moral. Il est classiquement question d'*habitus*, un terme qui ne doit pas être trop vite traduit par habitude, car la vertu, Kant le rappelle, ne peut rien gagner à la répétition, mais exige au contraire de renouer avec ses origines, de se renouveler sans cesse. Toujours selon la tradition philosophique, l'exercice de la vertu ne relève pas du seul hasard, pas plus que de la coutume ou de la pression sociale, mais seulement d'une liberté individuelle adossée à une force de caractère, en même temps qu'à un savoir-faire. En fin de compte, peut être déclaré vertueux celui qui mène une existence responsable, reste soucieux de son propre développement et de celui des autres. Ainsi, sans les ignorer, la philosophie propose une définition de la vertu autrement plus intéressante que celle pratiquée par les femmes de Stendhal ou que celle souvent dévaluée, moquée par notre époque. La vertu devrait être comprise, vécue et recherchée comme le souffle et le sel, le parfum et le charme de nos existences, quelque chose qui appartient effectivement au *right stuff* ou encore à ce que résume si bien la vieille expression : « Noblesse oblige ! »

Jadis, les philosophes et les théologiens, les moralistes et les penseurs avaient coutume de distinguer les vertus théologales et les vertus cardinales. Les premières, non sans entretenir quelque lien avec la cosmologie des Anciens, celle de la croyance en une sorte d'assurance cosmique, ces vertus théologales ont donc Dieu pour référence. Qu'il s'agisse de la foi, de l'espérance ou de la charité, elles doivent contribuer à convertir, à améliorer les facultés humaines, *de facto* limitées et touchées par le mal et la faute, afin qu'elles puissent réaliser le projet de Dieu sur ses créatures humaines, autrement dit leur permettre de participer à la nature divine. Les vertus cardinales, qu'il s'agisse de la justice, du courage, de la tempérance ou de la prudence, s'enracinent dans le terreau des vertus théologales, pour les décliner, les réaliser dans les aspects les plus communs, mais parfois aussi les plus dramatiques, les plus exceptionnels de l'existence humaine. En même temps que l'assurance cosmique, les temps modernes ont débarrassé une grande partie de l'humanité du caractère religieux des vertus théologales : nous pouvons croire, espérer, aimer, sans nous référer à une divinité. De même, si elles ne possèdent plus leur socle théologal, les vertus cardinales n'ont pas perdu, j'en suis persuadé, leur capacité à inspirer les comportements et les entreprises humaines, surtout lorsque celles-ci conduisent les humains à éprouver leurs limites, de quelque type qu'il s'agisse, physique ou psychologique, culturelle ou géographique.

The right stuff : parmi les vertus exigés pour rendre l'étoffe humaine capable d'entreprendre l'exploration de l'espace, deux me paraissent essentielles, la prudence et la confiance.

La vertu de prudence occupe aujourd'hui le devant de la scène des qualités attendues ou requises chez celles et ceux qui, pour des raisons professionnelles ou ludiques, envisagent d'être soumis ou de se soumettre à des situations à hauts risques, d'entreprendre ou de diriger des actions dont le niveau de risques dépasse les normes habituelles. Des enseignements d'Aristote, il est judicieux de retenir l'idée selon laquelle la prudence ne peut être réduite à un savoir normatif, ni à l'application de principes, mais qu'elle est aussi, peut-être même surtout, une forme d'intelligence des situations, une capacité à conduire l'action vers le bien. Aristote ne manque pas d'en souligner la dimension et la construction temporelle : peut être qualifié de prudent celui qui apprend à saisir le moment ou la circonstance favorable, celui qui possède le coup d'œil et la clairvoyance, celui aussi qui prend le temps de la circonspection avant d'entamer celui de la délibération et de la décision, celui qui a le souci de la prévention et de la prévoyance autant que des conséquences. La prudence aristotélicienne est la vertu qui permet à l'homme de se soustraire aux effets de l'ignorance et du hasard, autant qu'il en est capable ou qu'il lui est permis. Une telle définition de la vertu de prudence conduit immanquablement à se demander si le principe de précaution en est une version moderne acceptable.

Lorsque Martine Rémond-Gouilloud propose de résumer l'idée de précaution par la formule : « Dans le doute, ne t'abstiens pas, mais agis comme s'il était avéré[1] », elle s'inscrit dans l'esprit d'Aristote, puisqu'elle invite à agir de façon préventive dans une situation qui,

---

1. Rémond-Gouilloud, Martine. « Entre bêtises et précaution ». *Esprit*, 237, 1977, 11, p. 119.

potentiellement, relève du risque (au sens où je l'ai déjà défini), alors même qu'il est encore impossible de le connaître, de l'évaluer parfaitement. C'est aussi l'esprit de la loi française du 12 février 1995, relative au renforcement et à la protection de l'environnement, la loi dite Barnier, qui présente le principe de précaution comme un principe « selon lequel l'absence de certitude, compte tenu des connaissances scientifiques et techniques du moment, ne doit pas retarder l'adoption de mesures visant à prévenir un risque de dommages graves et irréversibles à l'environnement à un coût économiquement acceptable. » Cette manière de pratiquer le principe de précaution ne prétend pas écarter l'incertitude ni le risque loin de nos comportements et de nos décisions, bref loin de notre société, mais, au contraire, de les maintenir comme des questions ouvertes, de leur accorder un juste souci ; je crois raisonnable d'admettre qu'il s'agit là d'une interprétation moderne et acceptable de la vertu de prudence, telle qu'Aristote l'a enseignée. Elle n'est pas dénuée d'une forme de scepticisme : comment en effet être assuré d'avoir correctement tracé la frontière entre le savoir et l'ignorance, entre la certitude et l'incertitude et, par voie de conséquence, entre la prévention et la précaution ? Toutefois, cette posture laisse suspendu tout jugement définitif et dégagée la voie de l'imagination et de la spéculation, du soupçon et du doute. Tout comme le propose la tradition aristotélicienne, son inscription dans le temps est fondamentale et même fondatrice : ceux qui pratiquent une telle prudence et choisissent une telle précaution prennent le temps, ne se hâtent jamais, ont le souci d'inscrire leurs décisions et leurs actions dans la durée, d'acquérir de nouvelles connaissances et, enfin, de revenir sur les expériences du passé, sans pour autant arrêter d'agir. N'est-ce pas aussi l'une des manières les plus raisonnables, les plus justes et les plus efficaces de tenir compte dès aujourd'hui et autant qu'il est possible, des générations de demain ?

Malheureusement, telle n'est pas la manière dont le principe de précaution se trouve aujourd'hui le plus souvent convoqué, interprété et mis en œuvre, en particulier par les institutions qui nous gouvernent et les organisations qui gèrent nos sociétés ou notre planète. Il est plutôt présenté, récupéré et imposé comme une obligation de s'abstenir ou, à l'opposé, comme une urgence de décider. Au nom de ce principe ou plutôt de sa singulière interprétation, le décideur préfère éviter de se lancer dans une politique, de donner une autorisation, de lancer une production tant qu'il ne possède pas la certitude qu'aucun danger, par exemple sanitaire ou environnemental ne leur est associé.

Réfugié derrière l'excuse du « En l'état actuel des connaissances . . . »,
fasciné par la perspective du zéro défaut, du zéro dommage, du zéro
danger, il a recours au principe de précaution en omettant ou en écar-
tant tout véritable lien avec la vertu de prudence. Cette interprétation
du principe de précaution concède un pouvoir quasi illimité à la connaissance scientifique, à la maîtrise technique et oublie de s'inscrire
dans le cours ininterrompu du temps, dans le déroulement inexorable
de l'histoire. Elle conduit à des interventions publiques autoritaires,
parfois liberticides, au nom de vertus qui n'ont rien de cardinales,
moins encore de théologales. La précaution a trop souvent perdu tout
lien avec la noble et raisonnable vertu de prudence.

Prudence et précaution, nul n'en doute, appartiennent aux vertus
associées à l'entreprise spatiale. Le milieu est trop hostile, les facteurs à
contrôler trop nombreux, les techniques à mettre en œuvre trop com-
plexes, pour que ceux qui l'explorent ou les utilisent puissent baisser
la garde, ne pas multiplier les moyens et les vecteurs d'alerte, ne pas
recourir à la redondance des systèmes, ne pas se méfier des effets
néfastes de l'habitude et de l'évidence. Pour autant, l'état actuel des
connaissances, qu'elles soient scientifiques ou techniques, loin d'être
un motif de ne rien faire, de ne rien entreprendre, constitue au contraire l'une des principales raisons de se confronter à des difficultés
aussi grandes, à des dangers aussi évidents. Dès lors, le défi à relever
n'est guère éloigné de celui de l'innovation, décrit par Bruno Latour :
« Le dilemme de l'innovateur est bien connu ; quand il peut, il ne sait ;
quand il sait, il ne peut pas. Au début de son projet, s'il ne connaît
rien encore des réactions du public, des financeurs, des fournisseurs,
des collègues et des machines qu'il doit combiner ensemble pour que
son projet prenne corps, il peut pourtant très rapidement modifier
de fond en comble la nature de ses plans pour s'adapter à leurs desi-
derata. À la fin de son projet, il aura enfin appris tout ce qu'il aurait
dû savoir sur la résistance des matériaux, la fiabilité des composants,
la qualité de ses sous-traitants, la fidélité de ses banquiers, la passion
de ses clients, mais il ne pourra plus rien changer à ses plans : trop
tard, les voici coulés dans le bronze[2]. » Bref, il n'est pas aisé de choisir
le moment considéré comme le plus favorable pour agir, après avoir
pesé le pour et le contre et choisi les moyens les plus adéquats. Le
principal danger est, bien souvent, d'en faire trop ou trop peu.

---

2. Latour, Bruno. « Comment évaluer l'innovation ? » *La Recherche*. 314 (1998). 85.

Prenons pour exemple celui de la gestion des risques liés à la sortie des astronautes hors des capsules, navettes ou stations spatiales, autrement dit les activités extravéhiculaires. Parmi les nombreux dangers à prendre en compte pour protéger et préserver la vie de ces marcheurs de l'espace, celui de voir une micrométéorite ou un débris, même de petite taille, heurter l'un d'entre eux et déchirer sa combinaison, briser son casque n'est pas nul ; aux altitudes auxquelles croisent ces objets, ces machines et ces humains, les vitesses voisinent 25 à 26 000 km/h et le moindre choc, le moindre heurt entre eux a des conséquences évidemment tragiques. Or, la présence humaine est aujourd'hui indispensable à l'assemblage et à l'entretien d'une structure comme celle d'une station spatiale. Les protections possibles et efficaces à faire porter aux astronautes eux-mêmes sont quasiment inexistantes ; les mesures à prendre ne peuvent relever que de la prévention et consistent à rester, aussi longtemps que le permettent les opérations à accomplir et les manipulations à effectuer, à l'abri des différentes parties de la station. Si, malgré tout, un accident devait avoir lieu (qui ne serait pas nécessairement dû à la négligence, mais du seul fait que de nombreux objets sont trop petits pour être repérés et, donc, évités), il faudrait être assuré d'avoir trouvé et mesuré tous les dangers liés à une telle opération, d'avoir mis en œuvre toutes les mesures envisageables de prévention, d'avoir clairement précisé et explicité l'objectif même de cette mission, bref d'en avoir raisonnablement évalué le risque. Toute hésitation, toute remise en question à son propos ferait immédiatement douter de l'application effective de la vertu de prudence et du principe de précaution.

La confiance est-elle une forme simplement dégradée et plus humaine de la vertu théologale qu'est la foi ? Toutes deux, en plus de l'étymologie, partagent en effet plus d'un trait en commun ; pour autant, bien des penseurs préfèrent ne pas considérer la confiance comme une vertu cardinale, mais plutôt comme un sentiment. Qu'importe. La confiance, autant que la prudence, occupe une place centrale dans le cercle des vertus associées aux entreprises audacieuses, à la gestion des risques : la confiance en soi-même ; la confiance en ses collaborateurs, ses collègues, ses coéquipiers ; la confiance en l'être humain et en l'humanité ; enfin, pour envelopper toutes ces modalités, la confiance, à moins qu'il ne faille parler d'optimisme, à l'égard du cours du temps et de l'histoire. Car la confiance, pour être réelle, exige d'appréhender le temps avec lucidité, de traiter l'avenir comme un champ ouvert de possibles, de probables, qu'ils soient fastes ou néfastes. Il ne peut être question de revendiquer ou d'exiger la confiance sans une pratique effective de l'anticipation, sans une préparation et une forme d'ajustement, mais pas nécessairement une soumission, à ce qui vient. Peut être déclaré confiant ou digne de confiance celui qui au malheur répond par la crainte raisonnée, au bonheur par l'espérance raisonnable. Lorsque manque la confiance, le champ des possibles se referme : la réalité se trouve fixée par le passé et par le présent, par les *a priori* et les évidences, sans que rien ne puisse la modifier. L'avenir en est réduit à un présent prolongé : sans confiance, il n'y a rien de nouveau sous le soleil . . . En revanche, reste systématiquement posée la question de Kant : « Que puis-je espérer ? » à celui, à ceux qui engagent leur confiance ou celle des autres dans une action risquée. À ceux aussi qui se souviennent que la racine du terme probabilité, le latin *probare*, peut aussi bien signifier prouver, approuver que mettre à l'épreuve, éprouver et qui, dès lors, admettent que la confiance ne se prouve qu'en s'éprouvant au contact et dans l'expérience du réel.

Parce que la confiance est davantage qu'une connaissance de soi et d'autrui, davantage qu'une attitude d'admiration, de contemplation ou de familiarité, parce qu'elle doit s'appuyer sur une réciprocité effective et sur la possibilité d'anticiper collégialement la réussite comme l'échec, dès lors qu'il convient de gérer simultanément hiérarchie et collégialité, la confiance se trouve étroitement associée à l'autorité. Nombreuses en sont les sources, en même temps que les conditions ; nombreuses aussi les conséquences néfastes, lorsque l'une des deux est absente, insuffisante ou non respectée. L'accident de la navette spatiale américaine Challenger en a offert un exemple malheureux et loin d'être unique : il n'y a pas d'autorité sans l'instauration et le souci d'une réelle confiance entre ceux qui l'exercent et l'engagent, la partagent ou y sont soumis. Si les moyens viennent à manquer, y compris les techniques de communication et d'échange, si la légitimité de ceux qui en sont investis est mise en cause ou en défaut, si leur crédibilité scientifique ou technique est entamée ou affaiblie, l'autorité perd toute sa pertinence, en même temps que disparaît la possibilité d'une confiance réciproque. Dès lors, le centre de gravité des risques menace de glisser vers le champ de l'échec et du drame, plutôt que vers celui du succès et de la sécurité.

Si l'intime conviction n'a, semble-t-il, jamais eu rang de vertu cardinale, elle pourrait y prétendre ; pour le moins, je dirais qu'elle est à la confiance ce que le principe de précaution est à la prudence. Si elle y est souvent pratiquée, elle n'appartient pas aux seuls secteurs techniques de pointe que sont l'aéronautique et l'astronautique. Dans le milieu pénal, l'expression désigne une procédure codifiée par la loi qui prévoit de poser la question devenue rituelle : « Quelle est votre intime conviction ? » Celui qui est ainsi interrogé doit être prêt à convaincre les juges au moyen de sa parole, de ses connaissances, de pièces dites précisément « à conviction ». Ceux qui l'écoutent attendent que la sienne soit « intime », autrement dit la plus intérieure, la plus enracinée possible. L'intime conviction ne peut se résumer à une impression qui serait trop générale, rapide ou superficielle ; elle exige au contraire que soient passés au crible de la raison, soumis à la rigueur de la réflexion chaque composant du dossier, chaque élément de preuve, chaque pièce d'accusation ou au contraire de défense. Invoquer, demander, exiger l'intime conviction est plus qu'une formalité, plus qu'une méthode de travail, plus qu'une posture mentale ; elle associe la recherche du bien, individuel et collectif, à une forme de modestie devant la réalité des faits, l'imperfection du savoir, la responsabilité de l'instance de jugement, la gravité des conséquences de la décision. Parce qu'elle conjugue le penser et l'agir, la pratique de l'intime conviction relève d'une véritable éthique, avec une caractéristique essentielle, même si elle paraît à première vue paradoxale, celle de la collégialité ; il s'agit là d'une véritable contrainte, faut-il préciser et admettre, car elle exige du temps, de la patience, de la concertation. Et quel en est le but ? Aboutir à un verdict, autrement dit « un dire vrai humain du moment[3] ».

Exigence courante et réfléchie dans le monde de la justice, l'intime conviction est aussi le fait et la vertu des ingénieurs et des techniciens aéronautiques et astronautiques qui mettent au point des technologies, des procédures innovantes. Au terme d'une série d'études et d'essais partiels, statiques ou au sol, après avoir passé en revue l'ensemble des paramètres de vol d'un prototype d'avion ou de fusée, après avoir examiné les conditions météorologiques, le moment est venu de procéder à son décollage, à sa mise à feu. Ceux à qui revi-

---

3. Cf. Fayol-Noireterre, Jean-Marie. « L'intime conviction, fondement de l'acte de juger ». *Informations sociales* 7/2005 (n° 127), p. 46–47.

ent cette décision doivent avoir l'intime conviction qu'il est possible, opportun, désormais nécessaire de procéder à ce premier vol, à ce premier lancement. Les exigences, les contraintes, enfin l'esprit qui sont alors les leurs peuvent être décrits avec les mêmes termes que ceux utilisés par le juriste : méthode, réflexion, humilité, collégialité, etc. Sans oublier la maîtrise, aussi poussée que possible, du moment du dénouement, de la catastrophe au sens grec et rabelaisien du terme, de ce temps cerné par l'expérience du passé et l'attente de l'avenir, de cet « intervalle dans le temps entièrement déterminé par des choses qui ne sont plus et par des choses qui ne sont pas encore » (Hannah Arendt). Ce temps est celui du risque par excellence, de l'espérance mathématique et, en fin de compte, de quelque chose qui pourrait être rapproché de l'instant de vérité.

Prudence et précaution, confiance et conviction : l'exercice des vertus s'impose à celles et ceux qui explorent l'espace. Sans doute aurais-je pu, aurais-je dû y ajouter celle du courage . . . en rappelant sans délai l'interrogation, la mise en garde aussi de Friedrich Nietzsche : « Avez-vous du courage, O mes frères ? . . . Non le courage devant témoins, mais le courage de l'ermite et de l'aigle, que pas même un Dieu n'aperçoit ? . . . Il a du cœur, celui qui connaît la crainte mais la vainc, qui voit l'abîme mais avec orgueil. Celui qui voit l'abîme mais avec des yeux d'aigle, celui qui avec des serres d'aigle étreint l'abîme, celui-là a du courage » (*Ainsi parlait Zarathoustra* IV, 73, sect. 4). Oui, il faut ce courage, tout comme cette prudence et cette confiance, pour avancer d'un pas, aussi modeste soit-il, au-dessus des abîmes que révèle désormais l'espace.

13
La Terre ne se meut pas

Osons l'hypothèse suivante : la plus inattendue, la plus paradoxale, mais peut-être aussi la plus assurée des conséquences d'un demi-siècle d'exploration et de conquête, d'exploitation et d'utilisation de l'espace, serait d'avoir diminué, anémié, rendu vain l'esprit d'exploration. Audacieuse, iconoclaste, cette hypothèse l'est sans l'ombre du moindre doute et il ne semble pas manquer de raisons et de preuves pour l'infirmer ; pensons, pour nous en tenir au seul monde de l'astronautique, aux nombreux programmes d'étude astronomique de l'univers et d'envoi de sondes interplanétaires qui sont aujourd'hui en cours de réalisation et de préparation. Qu'il s'agisse de rechercher des exoplanètes, de scruter les profondeurs de l'espace et du temps pour mieux discerner et comprendre les premiers vagissements de notre univers, qu'il s'agisse d'observer *in situ* les planètes les plus proches de la Terre pour en étudier la géologie et les aptitudes à permettre, à provoquer l'émergence de formes biologiques ou à en accueillir les briques fondamentales, qu'il s'agisse de rejoindre des astéroïdes pour y étudier les archives de notre galaxie, n'est-il pas toujours et encore question d'explorer cet immense monde inconnu qui nous entoure, auquel nous appartenons et duquel nous-mêmes avons surgi ? Et ceux qui développent les programmes spatiaux du futur, ceux qui sont chargés de les faire connaître auprès de leurs concitoyens ne manquent pas de faire appel à la curiosité, au goût de l'exploration qu'ils posent le plus souvent comme une sorte d'évident *a priori* pour mieux l'invoquer. Pour autant, je ne tiens pas à abandonner aussi vite et aussi facilement cette troublante et même agaçante hypothèse : malgré tous les efforts des chercheurs, de leurs soutiens politiques et de leurs communicants, quoi qu'il en soit des défis technologiques et des difficultés financières que rencontrent ces projets et ces programmes d'exploration, n'est-il pas honnête et lucide de se demander s'il ne manque pas à notre époque le souffle, l'enthousiasme de l'exploration qui a régné au sein de nos cultures et de nos sociétés à d'autres époques de notre histoire ? Je voudrais donc étudier l'hypothèse selon laquelle l'une des raisons de ce manque d'inspiration se trouverait paradoxalement dans l'extraordinaire et peut-être inattendu succès spatial des années 1960 et 1970 qui a conduit à retrouver le chemin de la Terre !

Sans doute, au cours de ces deux décennies, sommes-nous allés sur la Lune ; c'est-à-dire, nous à la suite des douze Américains qui eurent la chance et le courage d'accomplir l'incroyable et audacieuse odyssée. Ainsi avons-nous réalisé le rêve, la prophétie de Tsiolkovski et avons-nous quitté notre berceau, durant quelques instants et à quelques encablures. Mais que nous sommes-nous empressés de faire, une fois dans l'espace, avant même les missions Apollo, dès le vol inaugural de Youri Gagarine en avril 1961 ? Nous avons fait volte-face et avons entrepris de contempler la Terre . . . Un homme, bien avant les travaux des pionniers modernes de l'astronautique, avait imaginé qu'il en serait ainsi : Lucien de Samosate, dans l'*Icaroménippe*, son œuvre précédemment évoqué, dont le héros, près de quinze siècles avant le voyage vers la Lune (encore imaginaire) de Cyrano de Bergerac et de dix-huit avant celui (bien réel, cette fois) de Neil Armstrong, réussit à se poser à la surface de l'astre sélène. Il s'assit et, oubliant le motif astronomique de son périlleux voyage . . . porta son regard vers la Terre ! Étrange prémonition, sous la plume du satiriste du IIe siècle : n'en firent-ils pas autant, les premiers hommes qui orbitèrent la Lune, puis ceux qui y posèrent le pied ? De leurs missions, quels souvenirs nous ont-ils rapportés ? Certes, des pierres de Lune et des images des plaines désolées où ils ont réussi à alunir ; mais surtout d'inoubliables « levers de Terre » et d'incomparables vues de notre planète, « bleue comme une orange » (Paul Éluard) dans son noir écrin constellé d'étoiles. Arrivée à cette étape, les deux histoires, celle de Ménippe et la nôtre, divergent. Le hardi voyageur antique finit par se lasser de voir les humains comme des fourmis occupées à tirer un grain de blé, une cosse de fève ou un brin de fumier ; il reprit son vol, bien décidé cette fois à rejoindre le séjour des dieux. Les astronautes, en revanche, sont revenus sur Terre, prêts à défendre les futurs programmes d'exploration spatiale, mais soucieux aussi de l'avenir de notre planète. Les premiers vrais pas des explorateurs de l'espace nous ont rapidement remis sur le chemin du retour sur Terre.

Certes, ce nouveau regard porté sur la Terre par les astronautes des missions Apollo tombait à point nommé : en 1962, Rachel Carson avait publié le *Silent Spring-* Le Printemps silencieux et, dix ans plus tard, avait lieu à Stockholm la première conférence internationale des Nations unies sur l'environnement. Mais le souci écologique doit-il être pour autant désigné comme l'unique explication à l'essoufflement de l'entreprise d'exploration de l'espace ? Sans nier l'influence de cette coïncidence entre les deux mouvements, spatial et écologique, je crois plutôt que la première décennie de l'aventure spatiale a moins réalisé la prophétie de Konstantin Tsiolkovski que confirmé la vision d'Edmund Husserl.

En 1934, le philosophe allemand avait rédigé une étude qui n'a été publiée que bien plus tard et dont le titre doit être indiqué en entier : « Renversement de la doctrine copernicienne dans l'interprétation de la vision habituelle du monde. L'arche-originaire Terre ne se meut pas. Recherches fondamentales sur l'origine phénoménologique de la corporéité, de la spatialité de la nature au sens premier des sciences de la nature. » Il n'est pas question, pour Husserl, de mettre en cause l'apport scientifique de Nicolas Copernic et de l'astronomie qui naquit au XVIe siècle, mais seulement de s'interroger sur le statut de la Terre d'un point de vue phénoménologique. Celle-ci ne se meut pas, martèle-t-il, parce qu'elle n'est pas, pour les humains, un corps comme peuvent l'être un navire, un avion, un terroir ou même un astre. Pour les humains que nous sommes la Terre n'est pas un corps, mais un sol, phénoménologiquement immobile, même s'il est en mouvement dans le vide cosmique ; il est un sol pour la simple et bonne raison que toutes les autres réalités que nous connaissons ou pouvons connaître lui sont relatifs, en dépendent, y trouvent une forme d'origine. C'est pour cela que Husserl parle de l'arche-originaire Terre.

Et si la première décennie de l'aventure spatiale avait donné raison à Husserl ? Et si elle nous avait surtout fait prendre la mesure de notre condition terrestre, en nous donnant une vision globale de notre propre planète au sein de l'univers ? La Terre n'est pas un corps céleste anonyme et quelconque parmi des milliers, des millions, des milliards d'autres ; elle n'est pas un simple berceau que nous pourrions, que nous devrions nécessairement quitter un jour. Elle est pour longtemps encore notre sol, auquel nous ramènent nos courses interplanétaires et même nos regards lancés, tendus vers le vide cosmique. Voilà ce que nous ont appris cinq décennies de conquête spatiale. Est-il dès lors étonnant que nous ayons (momentanément, peut-être) perdu le souffle nécessaire, l'envie viscérale d'aller regarder ailleurs, d'entreprendre d'explorer un monde devenu vertigineusement vaste, vide et sans horizon ? Pour un temps, la Terre est redevenue, bon gré mal gré, la première destination de l'odyssée humaine. Pour autant, nous n'avons pas perdu notre indéfectible et congénitale curiosité.

14
La plus grande Terre

D'Edmond Husserl et de son affirmation phénoménologique, « La Terre ne se meut pas », retenons la distinction entre le corps, possiblement multiple, et le sol, unique ; retenons aussi que la Terre est désormais appréhendée comme un sol : pour l'heure et peut-être pour longtemps, il ne convient pas de rêver à une nouvelle Terre comme, jadis, nos prédécesseurs ont pu imaginer, rechercher et, parfois, conquérir de nouveaux mondes, en abandonnant à terme les anciens. Le pas est aujourd'hui trop démesuré, le saut trop périlleux pour rejoindre un corps céleste susceptible de devenir un sol pour l'humanité. Plus raisonnable semble être de repousser les frontières spatiales de la Terre ou plutôt d'en tracer de nouvelles, de les franchir progressivement, pour découvrir et étendre ce domaine qui, il y a une dizaine d'années, a été baptisé *Greater Earth*, la plus grande Terre.

Pour redonner un élan à l'exploration spatiale, il n'est peut-être pas nécessaire, dans l'espace des possibles raisonnables qui est aujourd'hui le nôtre, d'accumuler les années-lumière, ni de recourir à des prospectives qui finissent par ressembler à des œuvres de science-fiction : la prochaine destination ou plutôt le prochain but se trouve à un million de kilomètres au-dessus de nos têtes ; et cette nouvelle frontière borde la plus grande Terre. Sur ce territoire, mieux vaut dire dans ce volume d'espace qui entoure la Terre, peuvent théoriquement se dérouler la plupart des activités spatiales futures, sans recourir à une dépense énergétique trop importante. Une plate-forme spatiale y est soit naturellement captive de l'attraction terrestre, soit maintenue dans ce voisinage terrestre au prix de modestes manœuvres de propulsion ; le point de Lagrange L3 du système Terre-Soleil en est un exemple. Les plates-formes et les bases qui évoluent dans ce domaine,

au lieu d'être emprisonnés au fond d'un puits de potentiel gravita-
tionnel, sont d'un accès mutuel facile ; depuis la Terre, le bilan pro-
pulsif est, à 1 ou 2 km/s près, le même que celui d'une mise en orbite
géostationnaire. Le temps de propagation des ondes radioélectriques
ne dépasse pas 3 à 4 secondes : les échanges avec la Terre peuvent
donc s'effectuer de manière continuelle et coopérative, entre acteurs
humains ou/et systèmes instrumentaux, sans imposer les contraintes
d'autonomie, inhérentes par exemple aux missions martiennes.
Enfin, en cas de présence humaine à bord, le temps nécessaire pour
un retour sur Terre est réduit à quelques jours, comparable à celui des
missions lunaires. Le prochain pas logique de l'exploration spatiale,
puis de l'utilisation rationnelle de l'espace par notre civilisation pourrait ainsi se trouver dans l'exploration, la conquête et l'aménagement
de cette plus grande Terre.

L'horizon de cette plus grande Terre relève-t-il de l'utopie, bonne
à faire rêver mais sans lendemain à envisager raisonnablement ? Il
y a déjà bien longtemps que Gerard O'Neill a imaginé des colonies
spatiales dont le caractère le plus fictionnel ne relève pas tant de leurs
dimensions ou de leurs populations que de leur caractère excessive-
ment paradisiaque. O'Neill n'imagine pas seulement d'installer dans
ses célèbres sphères des jardins potagers susceptibles de soutenir
l'alimentation des humains autant que leur moral ; il explique qu'il
sera possible d'y faire vivre des oiseaux et des papillons, en y inter-
disant en revanche l'accès aux rats et aux moustiques[1] !

Utopie, donc, que cette plus grande Terre ? Peut-être pas, dans la
mesure où elle se trouve d'ores et déjà en cours de réalisation dans
l'espace le plus proche de notre planète, l'avant-garde étant constituée
par les satellites de la ceinture géostationnaire. Au point d'ailleurs
qu'il conviendrait peut-être d'abandonner l'expression d'espace extra-
atmosphérique (en anglais *outerspace*) pour désigner le territoire des
orbites circumterrestres, même si cet usage est celui des traités et des
accords internationaux : cette portion proche de la Terre apparaît
de moins en moins comme un faubourg, un peu négligé, de notre
planète, de plus en plus comme un élément constitutif et impératif
pour son avenir. D'ailleurs, comme jadis le seigneur qui imposait sa
loi, son « ban » sur un territoire d'une lieue ou de plusieurs lieues,

---

1.   Cf. O'Neill, Gerard. *The High Frontier. Human Colonies in Space*, New York,
William Morrow & Company, 1977.

les Terriens n'ont guère hésité ni tardé à déclarer « banlieue » cette portion d'espace circumterrestre, à lui imposer leur propre juridiction, à le déclarer bien commun de l'humanité. Chacun peut, selon ses capacités, s'y rendre, y placer des engins, y pratiquer une activité, y compris lucrative ; il doit seulement se soumettre à une commune gouvernance et ne peut revendiquer la moindre propriété. Lorsque nous nous rappelons l'importance des activités circumterrestres pour les activités humaines actuelles et l'avenir de notre planète, n'est-il pas temps de parler dès à présent d'une plus grande Terre pour ce territoire ceint par les satellites géostationnaires … et de lui appliquer une attention et un souci comparables à ceux que nous portons à notre bonne vieille planète ?

Franchir l'étape de la plus grande Terre renforcerait la prise de conscience entraperçue et analysée par Husserl : l'humanité prendrait encore plus conscience de son enracinement, de son attachement, singulier, au « sol » terrestre et, par voie de conséquence, de son unité comme espèce. Le « nous », expérimenté au cours des missions Apollo, serait expérimenté plus fortement encore. De spatiale, l'exploration se ferait alors sociale, politique, bref humaine : notre espèce entamerait l'exploration de la réalité parfois appelée noosphère.

En décembre 1943, lorsque Vladimir Ivanovich Vernadsky forgea le concept de noosphère, *Big Brother* et les satellites n'existaient encore que dans le rêve des écrivains et dans l'esprit des ingénieurs ; seuls les V-1 et les V-2 allemands permettaient d'imaginer que les techniques astronautiques pourraient dans le futur offrir de nouveaux horizons à l'humanité, si du moins celle-ci survivait à la violence qui ébranlait alors les sociétés du monde entier. C'est pourtant à cette époque que le savant soviétique écrivit un article dont une version fut publiée un an plus tard dans la revue *The American Scientist*, sous le titre : « La biosphère et la noosphère ». « Le mot 'noosphère', précise-t-il, est composé de deux termes grecs *noos*, esprit, et *sphere*, ce dernier étant utilisé au sens d'une enveloppe autour de la Terre. » Et il poursuit : « l'humanité, comme matière vivante, est inséparablement relié aux processus matériels et énergétiques d'une enveloppe géologique particulière de la Terre – sa biosphère. L'humanité ne saurait être physiquement indépendante de la biosphère pour une seule minute. » Pour Vernadsky, la noosphère est le stade ultime de l'évolution de la biosphère, grâce à des processus strictement géochimiques. « Nous entrons dans la noosphère, écrit-il encore. Ce nouveau processus géologique a lieu à une période troublée, celle d'une guerre mondiale destructrice. Mais le plus important reste que nos idéaux démocratiques soient accordés aux processus géologiques élémentaires, aux lois de la nature et à la noosphère. Ainsi, nous pourrons faire face au futur avec confiance. Il est entre nos mains. Nous ne devons pas le laisser échapper. »

Imaginée par Vernadsky il y a plus de soixante-dix ans, la noosphère est aujourd'hui en voie de réalisation technologique et d'exploration anthropologique : un immense territoire encore inconnu qui dépasse ou plutôt submerge toutes les expériences humaines précédentes de relations interpersonnelles. Car, comme le prédisait Jacques Julliard le 21 novembre 1992, à l'issue d'une manifestation silencieuse contre la politique de purification ethnique du régime du président Milosevic, « demain, ils ne pourront pas dire qu'ils ne savaient pas, ils ne pourront pas dire qu'ils ne pouvaient pas. » Jamais ce « demain » n'a été aussi proche de notre aujourd'hui ; jamais l'humanité dans son ensemble n'a peut-être été au-devant d'une telle *terra incognita*, sans avoir même quitté le sol terrestre, l'arche-originaire, et en ayant retrouvé un indispensable horizon[2].

---

2. Cf. Arnould, Jacques. *La Terre d'un clic.*

15
Plaidoyer pour un nouvel horizon

Parvenu au terme de cet essai consacré à l'exploration de l'espace, le lecteur pourra à juste titre s'interroger et nous interroger : « Qu'avez-vous donc cherché à faire ? Vous avez brossé un tableau de l'aventure spatiale qui, après les éclatants succès des quinze premières années, a pris ensuite, sous votre plume, les couleurs sombres de la banalité, voire des échecs. Et, en guise de consolation, vous prônez une plus grande Terre qui apparaît comme une colonisation d'une portion de l'espace déjà explorée, déjà connue . . . Appartenez-vous donc au chœur de ceux qui estiment que l'entreprise spatiale, dans sa face exploratoire (car l'utilité de sa face « satellitaire », tournée vers la Terre, n'est pas mise en question), que l'exploration de l'espace, donc, n'aura été qu'une page dans l'histoire de l'humanité, une page sans doute exceptionnelle, mais qu'il convient raisonnablement de tourner définitivement . . . Bref, dévoilez-nous votre intime conviction ! » Entendons cette remarque, cette critique et cherchons à y répondre, autant qu'il est possible.

L'être humain, l'affirmait un précédent chapitre, explore comme il respire. Ici il convient d'ajouter, pour retourner ce constat et délibérément l'exagérer : tout ce qui constitue une gêne, une limite dans sa propension à explorer, dans le désir qui peut l'habiter et dans sa réalisation, tout cela peut contribuer à l'étouffer. Non pas physiquement, bien entendu, mais culturellement, spirituellement, autrement dit dans ce qui caractérise, singularise l'être humain et, par extension, l'espèce humaine. Ce postulat doit être manié avec précaution, autrement dit avec l'esprit critique et raisonnable qui appartient à notre espèce et ses cultures : nous devons tirer les leçons du passé, celui des grandes explorations des temps modernes, depuis le XVIe siècle, mais aussi celui, plus limité, durant lequel a régné sans rival l'idéologie du progrès.

La notion de noosphère, placée ici comme une sorte de destination à la construction de la plus grande Terre, s'inscrit sans conteste
dans la perspective couverte par l'idée et le terme de progrès : la
noosphère peut être considérée comme la finalité de processus qui,
depuis le commencement de notre univers, paraissent en assurer la
transformation, l'évolution. Faut-il, à cause d'une telle ancienneté, à
cause d'un tel enracinement en accepter toutes les formes, tous les
coûts, toutes les conséquences ? Le XXe siècle, sur ses effrayants
champs de bataille, dans ses trop nombreux camps de concentration
et d'esclavage, avec ses inquiétants gaspillages et ses inadmissibles
pollutions, a mis en question l'idée même de progrès et, surtout, sa
dictature. Mais je ne crois pas qu'il soit parvenu à déraciner du cœur
des humains la volonté d'avancer, de progresser dans toutes leurs
manières d'être et d'agir, qu'elles soient bonnes, mais parfois aussi
mauvaises. Je le répète : décider que l'exploration, l'une des formes
les plus humaines de croître, de progresser, soit dorénavant exclue,
interdite de la sphère culturelle humaine serait catastrophique pour
notre espèce ; elle en signifierait probablement la fin. Mais peut-être
convient-il d'ajouter ici un élément absent jusqu'à présent de cet essai.

Sans qu'il soit possible d'empêcher les faux-pas, les fautes, les
erreurs qui accompagnent indubitablement les entreprises humaines,
même les mieux fondées, même les plus sensées, même les plus raisonnables, il convient pourtant de se soucier que soit posée et entretenue une dimension essentielle de l'odyssée humaine : celle du sacré.
Le mot peut faire peur, tant il a véhiculé dans l'histoire des hommes
et continue à traîner avec lui des ombres, des fantômes, des ténèbres.
Il faut pourtant abandonner ici les aspects les plus obscurs, les plus
sanglants du sacrifice pour ne garder que les plus lumineux du sacré.

Est déclaré sacré ce qui est mis à part et séparé, ce qui est investi
d'une valeur intangible et d'un caractère inviolable. L'espace d'un
temple, le *fanum*, est séparé de l'espace qui l'entoure, le *profanum*.
Saint des Saints aux multiples noms, interdit au commun des fidèles,
séparé par un seuil, lui-même sacré, que seuls les prêtres sont habili-
tés à franchir. Est encore déclaré sacré ce qui touche le divin, pour le
servir ou par le fait d'une action particulière : dans bien des religions,
la jeune accouchée, parce qu'elle a approché le mystère même de la
vie, l'origine de la vie humaine, se trouve momentanément sacrée,
consacrée : elle ne peut plus avoir un contact normal, un commerce
profane avec les êtres, même ceux qui lui sont les plus familiers, sous

peine de les souiller. Elle doit être purifiée, à l'instar d'un vase qui a servi à quelque rite religieux. Est aussi déclaré sacré celui qui s'est rendu coupable d'un crime contre les dieux ou l'État. Il est séparé, retranché du groupe religieux ou social ; sa mort seule peut rendre au monde son ordonnancement et sa paix. Il n'est pas étonnant que la voûte céleste ait été, peut-être la première, déclarée sacrée : ne possède-t-elle pas les caractères qui à la fois effraient et captivent l'esprit humain, les traits du *tremendous* et du *fascinans*, pour reprendre les catégories distinguées par le philosophe allemand Rudolf Otto ? Avec le début de l'exploration spatiale, ce caractère sacré n'a pas disparu : les astronautes, les cosmonautes eux-mêmes furent les objets d'un processus de sacralisation, sans doute involontaire. Pourtant, de la couleur de leurs vêtements (le blanc de la pureté, le rouge du sacrifice) à la rigueur ascétique de leurs entraînements, de leur sévère (s) élection à l'aura de leur célébrité, tout conduisait à en faire des héros, des personnages sacrés ; sans oublier qu'à leur retour de l'espace, les astronautes américains plongeaient dans les eaux du Pacifique comme dans un bain de purification et subissaient ensuite l'ultime épreuve de la quarantaine. Le ciel, devenu entretemps l'espace, n'a donc rien perdu de son pouvoir : il a même sacralisé une petite portion de l'humanité !

Les humains ont véritablement besoin du sacré, non pas seulement pour l'adorer de loin et dans la crainte, mais aussi pour être attiré par lui, attiré à lui donner le meilleur d'eux-mêmes dans le but de l'atteindre. Car il appartient à la nature même du sacré de pouvoir être transgressé ! Cette idée peut paraître surprenante, elle n'en est pas moins exacte : le processus de sacralisation d'une réalité contient l'impératif de préciser les conditions de sa transgression, qu'il s'agisse d'une époque, d'un rite, etc. Au cœur du temple de Jérusalem, le Saint des Saints était le lieu sacré par excellence de la foi juive, un lieu où nul ne pouvait entrer, sinon le grand prêtre, une fois par an, pour y prononcer le nom, habituellement imprononçable, de Dieu. Il en est de même pour tous les Saints des Saints, tous les sacrés instaurés et reconnus par l'humanité : ils doivent pouvoir être transgressés pour posséder une véritable influence sur celles et ceux qui les respectent. L'une des sentences les plus bouleversantes d'un rabbi de Palestine, il y a deux mille ans, n'est-elle pas : « Le sabbat est fait pour l'homme, et non l'homme pour le sabbat » ?

C'est dans cet esprit qu'il paraît convenable et peut-être même indispensable de défendre et de promouvoir l'exploration, au sein de nos sociétés humaines : l'exploration est faite pour l'humain. Elle exige et permet de retrouver le sens du sacré qui n'est pas un tabou, une protection mais au contraire une source d'élan, une projection ; elle exige et permet de redonner des horizons à nos rêves, à nos désirs qu'ils soient intérieurs ou extérieurs. L'exploration n'honore-t-elle pas, n'assure-t-elle pas le double mouvement de concentrer l'univers aux dimensions de l'humain et de dilater l'humain à celles de l'univers ? Ainsi, l'exploration est un élément essentiel de l'humanisme spatial que nous appelons de tous nos vœux[1].

---

1. Cf. Arnould, Jacques. *Icarus' Second Chance. The Basis and Perspectives of Space Ethics*, Wien/New York, Springer, 2011, p. 190.

Références

Arnould, Jacques. *La Terre d'un clic. Du bon usage des satellites*. Paris, Odile Jacob, 2010.

Arnould, Jacques. *Icarus' Second Chance. The Basis and Perspectives of Space Ethics*. Wien/New York, Springer, 2011.

Arnould, Jacques. *Le Rire d'Icare. Essai sur le risque et l'aventure spatiale*, Paris, Éditions du Cerf, 2013.

Brunier, Serge. *Impasse de l'espace. À quoi servent les astronautes ?* Paris, Seuil, 2006.

Cosgrove, Denis. *Apollo's Eye. A Cartographic Genealogy of the Earth in the Western Imagination*. Baltimore & London, Johns Hopkins University Press, 2001.

Dator, James A. *Social Foundations of Human Space Exploration*. New York, Springer-ISU, 2012.

Koestler, Arthur. *The Sleepwalkers: A History of Man's Changing Vision of the Universe*. London, Pelican, 1968.

Lafferranderie, Gabriel. "Espace juridique et juridiction de l'espace", in Esterle, Alain (ed.). *L'Homme dans l'espace*. Paris, P.U.F., 1993.

McCurdy, Howard E. *Space and the American Imagination*. Washington & London,: Smithsonian Institution Press, 1997.

O'Neill, Gerard. *The High Frontier. Human Colonies in Space*. New York, William Morrow & Company, 1977.

Pons, Walter. *Steht uns der Himmel offen ? Entropie-Ektropie-Ethik. Ein Beitrag zur Philosophie des Weltraumzeitalters*. Wiesbaden, Krausskopf Verlag, 1960.

Wolfe, Tom. *The Right Stuff*. New York, Farrar-Straus-Giroux, 1983.

Index

Table des matières

CPSIA information can be obtained
at www.ICGtesting.com
Printed in the USA
JSHW031055150721
16892JS00001BA/24